智慧竞逐

技术进步与教育未来

经济合作与发展组织 著

李永智 主译

教育科学出版社
·北京·

如何面对人工智能的挑战

中国教育科学研究院院长　李永智

人工智能的本质是人造机器智能。随着近期以 ChatGPT 为代表的生成式人工智能的突破，人类文明发展掀开新篇章。强人工智能的表现达到了我们原来想象不到的水平。尽管强人工智能的基本技术路线还是基于大模型训练的概率推理，但是得益于庞大的数据规模和超强的计算速度，它的自学习能力已远远超过人脑，而且仍在夜以继日地加速进步。许多人欢迎这种新奇的技术，认为它将替代人类完成许多枯燥重复的工作，进一步解放人类的生产力；更多人则不免担忧，人工智能似乎正从根本上颠覆工业时代以来的劳动分工，我们必须重新思考教育，促进人类技能的转型，以此维护人类的价值与自由。这是人类第一次与自己的造物开展智慧竞逐，当前赛况如何？未来向何处去？这是每一位教育工作者都需要审慎面对的大问题。

因此，当经济合作与发展组织教育与技能司司长、我的老朋友安德烈亚斯·施莱歇尔（Andreas Schleicher）先生向我推荐本书时，我感到一种"英雄所见略同"的欣喜。2023 年 2 月 13 日，安德烈亚斯应邀到中国教育科学研究院访问，我们兴致勃勃地讨论起人工智能与教育变革的话题，他告诉我，经合组织刚刚发布了这份主题为"教育要输给人工智能了吗？"的报告，并建议我将它翻译为中文。本书是经合组织教育研究与创新中心（Centre for Educational Research and Innovation, CERI）领导的研究项目"人工智能与技能的未来"（AI and the Future of Skills, AIFS）的阶段性成果，利用国际成人能力评估项目（Programme for International Assessment of Adult Competencies, PIAAC）的测试题，通过专家打分的方式，评估人工智能的能力及其对工作和教育的影响。研究结果表明，人工智能的阅读理解和数学推理能力预计将在 2026 年达到成年人的最高水平，相当多的劳动人口正面临严峻的就业危机！教育必须立即转型，重塑教育目标、内容、模式和体系，将高阶认知能力和复杂的技能组合应用能力传授给学习者，培养劳动者与强人工智能协作完成任务的能力，增强人类面对颠覆性技术进步的集体韧性。

这项阶段性研究结束的时候，ChatGPT 还没有公开发布，而在我主持翻译本书的几个月里，关于生成式人工智能的话题变得炙手可热。总体来看，人们对于人工智能的影响存在高估短期效果、低估长远效果的倾向，而本书则打开了一个新的科学视角，令我们更加理性地审视人类与人工智能的智慧竞逐。因此，我很高兴地与广大读者分享这一研究报告的中文版，希望引发更多人关注人工智能对教育，尤其是对未来劳动分工及就业的影响，从而更好地为迎接人类文明的新时代做好准备。

人工智能对教育的影响，从宏观来说，是从长远看对教育目标和教育发展战略的影响；从微观来说，是从中短期看对教育实践各领域改革发展的影响。

从宏观层面来看，人工智能对于教育发展的影响主要有以下四点值得关注：一是要重视培养受教育者适应未来社会的价值观和是非判断能力。今天的教育者或许无法精准预测未来复杂交织的影响因素，特别是人工智能这个正在剧变的因素，但是我们应该有意识地培养受教育者形成适应未来社会的价值观，使他们无论遇到多么复杂难测的境遇，都能用坚定的价值理性做出独立判断，并妥善地加以应对。二是要重视建构机器智能高度发展后的社会伦理道德体系。人工智能本质上是人造机器智能，要为人类社会发展服务，就必须建立在人类伦理道德规约之下；同时，人类伦理道德体系也须随着文明形态的变化而发生相应的进步。习近平主席在第三届"一带一路"国际合作高峰论坛开幕式主旨演讲中提出的《全球人工智能治理倡议》，第一项倡议内容即坚持以人为本、智能向善，引导人工智能朝着有利于人类文明进步的方向发展。教育的首要责任就是通过培养未来社会的合格公民，为建设面向智能社会的伦理道德体系发挥重要作用。三是要转向对受教育者创新思维等高阶能力的培养。未来社会需要大量具备人机协同能力的高水平人才，创新思维、计算思维、沟通能力等高阶能力将成为人类的关键竞争力。培育机器智能无法具备的社会情感等能力是未来教育的主要内容和目标。四是要加快建设学习型社会的步伐。引导全民终身学习，从整体上提升国民综合素质，以适应日新月异的未来社会。

从微观层面来看，人工智能给教育带来了六个方面的影响。一是影响培养目标。人才培养目标是具体化的教育目的，决定了课程与教学的发展方向。为了迎接人工智能带来的长远挑战，教育要根据未来社会的需要调整人才培养目标。我国当前新一轮基础教育课程改革以发展学生的核心素养为导向，培育学生终身发展和社会发展所需要的必备品格和关键能力，这是面向未来做出的人才培养目标的重要调整。二是影响学习方式。人工智能可以助力实现个性化的学习路径，提供智能化的助学辅导，还可以通过虚拟现实／增强现实技术为学习者营造更加逼真的学习情境，模拟那些无法在真实世界呈现的科学实验，等等。人机协同开展学习活动，已经成为人工智能的前沿应用领域，并且拥有广阔的发展前景。三是影响教学方式。教学是教育的核心。通过人工智能，人类第一次有机会消解大规模教学与因材施教在实践中的两难，兼顾促进教育公平与提升教育质量。更好地教是为了更好地学，随着学习方式不断推陈出新，教学工作也要推进范式转型。四是影响师生关系。以前教师是课堂上的学术权威，而现在的学生用上了 ChatGPT 这类工具后，即时获取的知识可能比他的老师还多。当师生关系不再围绕单纯知识传授而构建时，教师如何更好地发挥引导、激励和示范的作用，如何重新诠释"师道尊严"，这对教师来说是一种挑战。五是影响教育内容。教材中要求机械记忆的知识内容将大幅度压缩，给深度学习、认知创新和实践性学习让出时间。另外，要注意防范通用人工智能蕴藏的意识形态风险。预训练数据蕴含的意识形态偏向将潜移默化地影响受教育者。不加管控的通用大模型内容输出常常并不能代表主流价值观和正确伦理道德规范，社会思潮的多样性和复杂性被放大，多数人易被信息茧房所蒙蔽甚至裹挟。六是影响教育管理。教育管理中的人工智能应用已相对成熟，技术促进了教育管理高效化、精细化、科学化，在我国各地已形成诸多优秀案例，积累了丰富经验。与此同时，我们还需要继续探索教育管理数据的集成应用，提升数据治理水平，并加强数据安全监管。

鉴于人工智能正在加速给教育带来的多层面、多向度、多样态的影响，我们需要立即采取有针对性的策略，加快推进数字教育的研究和智能时代教育形态的建构。

第一，尽快开展有组织的人工智能认知教育。面向中小学生开展基于接触应用的普及教育。一是采取丰富有趣的科普手段，讲解人工智能的基本原理，例如，告诉学生人工智能的学习就像是看着后视镜驾驶汽车，都是拿过去的数据在判断未来，因此不能把它作为决策的唯一参考。二是提示人工智能的缺陷和风险，例如，人工智能没有基本的道德判断能力，当用带有偏误的信息"投喂"人工智能的时候，它也会照单全收，并导致输出错误的、片面的结果。三是培养学生正确驾驭人工智能工具的意识与能力，包括通过高效率地提问来引导人工智能辅助自己完成任务、交叉验证人工智能输出结果的准确性、合理合法地训练和使用人工智能等等。

第二，政府主导，建立适合未成年人的安全、公益、可控的"纯净"人工智能训练模型。一方面，可以放心地让学生接触这个模型，从中接受逻辑训练、思维训练、创新能力训练；另一方面，学生在学习过程中产生的资源数据要受到政府严格的监管和保护，以保障学生数据安全和身心健康。

第三，针对人工智能对教育的影响，开展有组织科研。作为教育研究者，首先要"用教育的眼光看技术"，深入研究人工智能背后的科学原理及其发展规律，科学研判新兴智能技术的发展趋势和社会影响。尤其要密切关注超人智能的人工智能，或者接近人智能的人工智能，为教育各领域的变革提供扎实的研究支撑。因此，我认为本书所报告的这个研究是至关重要的，对我国开展相关的教育研究非常有启发性。

第四，培养智能时代的新型教师队伍。2022年11月，教育部发布了《教师数字素养》教育行业标准。全国教育科研战线应当主动深入研究并助力标准落实，开展系统化、高水平、全覆盖的教师数字素养培训，提升教师利用人工智能等数字技术优化、创新和变革教育教学活动的意识、能力和责任，依靠专业化的教师队伍，提升智能时代课堂教学的整体水平。

第五，加强校长培训。校长是学校一切事务的第一责任人。强化校长培训对于确保在中小学安全规范地使用人工智能十分必要。应通过一系列的培训课程，使校长掌握人工智能的基本原理，熟悉人工智能与教育的相关理论，了解使用人工智能的各项要求。

第六，严防人工智能教育应用中的意识形态风险。一是要用真实数据、价值导向积极正面的数据训练模型，这项工作必须由政府主导，由权威机构有组织、有计划地推进；二是要用尽可能全面的数据训练模型，避免忽视弱势人群，或形成价值偏向，进而妨害教育公平。

第七，鼓励开展基于人工智能的教育实验。可以开展一校一区或者多校多区的整体性教育实验。通过推广优秀案例、组织成果交流会议等形式，鼓励人工智能在教育中的应用创新。

第八，关注国际人工智能教育前沿实践。不仅要关注其他国家发布的相关政策文件，还要关注国外的师生在课堂上实际如何使用人工智能、起到什么效果。相比之下，后者更为关键。对于国外先进的一线实践经验，我们要及时搜集、整理、研究，并有选择地借鉴。

人工智能是人类生产力水平飞速提升的产物，是人类智慧发展的结果。理论上讲，人与人工智能间智慧竞逐的胜利必然属于人类。然而，人类文明进步从来不以"胜利"为目的，我们研究人工智能、推动教育变革、重构教育形态，归根结底是为了人类更好地向前发展。教育是全人类的共同利益，发展是全人类的共同追求，这是我们永无止境的征途。

本书的译介出版，得益于许多同志的共同努力。在安德烈亚斯·施莱歇尔先生的热情支持下，教育科学出版社与经合组织教育研究与创新中心积极接洽并获得了经合组织的出版授权，组织专业编辑团队高标准完成了本书编校、设计和出版工作。中国教育科学研究院马晓强、祝新宇、苏红、张晓光、许海霞、周帆等同志，以及北京外国语大学王琦副教授、深圳市罗湖外语学校彭燕老师对照原著认真校订了译稿，在专业表述的斟酌和翻译技巧的推敲等方面提出了很好的建议。书名译作"智慧竞逐"是我们集体研究讨论的结果，既准确传达了英文原著的中心思想，又符合中国读者对于标题惜字如金、一语双关、掷地有声的审美取向。在此，我谨向为本书出版付出心血的各位同人表示感谢！现在，我们郑重地邀请您阅览本书，并欢迎您通过各种方式分享心得。对于书中可能存在的错讹，请不吝指正！

近年来，人工智能（AI）迅猛发展，引发了各个领域和行业的重大变革。随着我们持续见证人工智能的演进，了解这项技术能够从事哪些活动、不能从事哪些活动显得越发重要。有鉴于此，经合组织（OECD）认识到，有必要系统地评估与人类技能相关的人工智能能力，特别是那些对就业和教育格外重要的技能领域。这样的评估可以帮助政策制定者和教育工作者更好地预测技术变革对劳动力的影响，同时也面向未来的需求做好人才准备。

本报告延续之前的试点研究，评估了最先进的人工智能技术在阅读和数学方面的能力。阅读和数学是人类能力的两个关键领域，影响着工作和生活中许多领域的成败。本报告揭示了人工智能的能力在这些领域的演进过程，及其与人类的阅读和数学技能的对比。对人工智能的评估基于计算机科学家的评价。

这项研究是经合组织教育研究与创新中心（CERI）领导的一个综合项目的一部分，旨在评估人工智能的能力及其对工作和教育的影响。这个综合项目"人工智能与技能的未来"（AI and the Future of Skills, AIFS）的目的是建立易理解、综合性、可重复，并与政策相匹配的人工智能能力量规。借助关于人工智能的各种信息来源，包括专家评价，该项目旨在为政策制定者提供所需的知识，以形成面向未来的教育和劳动力市场政策。

本报告显示，自 2016 年以来，人工智能在阅读理解方面的能力获得了显著提升，这反映了近年来自然语言处理（natural language processing, NLP）领域的进步。不过，人工智能解决数学推理问题的能力并没有呈现同样水平的提升。然而，专家预测，随着对人工智能研发的投资不断增加，未来几年内人工智能将在阅读和数学两方面都取得重大进展。

本报告还表明，人工智能凭借其潜力，有可能在阅读和数学方面超越大部分人类的表现。这无论对就业还是对教育都有着重大影响，因为在未来，机器可能会在这些技能领域向劳动者发起日益激烈的竞争。本报告还强调了加强劳动力基础技能的必要性，并为其在关键领域与人工智能进行协作做好准备。

这项研究借助事例说明了人工智能的能力如何在人类的两个关键认知技能领域得到提升，强调了定期系统化地监测人工智能能力演进并将其与人类技能进行比较的重要性。它将有助于政策制定者、教育工作者和研究者了解技术进步对未来工作和教育的影响。

致谢

这项研究由经合组织"人工智能与技能的未来"项目团队承担，参与者有斯图尔特·埃利奥特（Stuart Elliott）（项目负责人）、诺拉·雷沃伊（Nóra Révai）、玛格丽塔·卡拉莫娃（Margarita Kalamova）、米拉·斯坦尼娃（Mila Staneva）、阿贝尔·巴雷特（Abel Baret）和奥雷利亚·马西乌利特（Aurelija Masiulytė）。本报告由米拉·斯坦尼娃起草并定稿。奥雷利亚·马西乌利特和阿贝尔·巴雷特负责完成报告的体例设计。

本报告的出版离不开支持该项目的著名计算机科学家们的宝贵贡献。

首先，我们要向参与评价的专家致谢（按姓氏字母顺序排列）：钱德拉·巴加瓦图拉（Chandra Bhagavatula）、安东尼·G. 科恩（Anthony G. Cohn）、普拉迪普·达西吉（Pradeep Dasigi）、欧内斯特·戴维斯（Ernest Davis）、肯尼思·D. 福伯斯（Kenneth D. Forbus）、阿瑟·C. 格雷泽（Arthur C. Graesser）、伊薇特·格雷厄姆（Yvette Graham）、丹尼尔·亨德莱克斯（Daniel Hendrycks）、何塞·埃尔南德斯 – 奥拉洛（José Hernández-Orallo）、杰里·R. 霍布斯（Jerry R. Hobbs）、阿维夫·克伦（Aviv Keren）、里克·孔塞尔 – 凯济奥尔斯基（Rik Koncel-Kedziorski）、瓦西里·鲁斯（Vasile Rus）、吉姆·斯波勒（Jim Spohrer）和迈克尔·维特布鲁克（Michael Witbrock）。

其次，我们要感谢露西·切克（Lucy Cheke）、查尔斯·法德尔（Charles Fadel）、迈克尔·汉德尔（Michael Handel）、帕特里克·基洛宁（Patrick Kyllonen）、弗兰克·利维（Frank Levy）和迈克尔·索

恩斯坦（Michael Schoenstein），感谢他们参与讨论并提供了充分的反馈。

此外，我们还要感谢教育研究与创新中心的同事。教育研究与创新中心负责人提亚·卢科拉（Tia Loukkola）在研究过程中为我们提供了监督、指导和宝贵的意见。来自教育与技能理事会（Directorate for Education and Skills, EDU）的弗朗索瓦·凯斯莱尔（Francois Keslair）和马尔科·帕卡格内拉（Marco Paccagnella）为分析工作做出了重要贡献。教育与技能理事会传播团队和公共事务与传播理事会（Public Affairs and Communications Directorate）的同事们为本报告的排版和出版的前期工作做出了贡献。

我们感谢马克·福斯（Mark Foss），他负责本报告内容和结构的编辑，确保其连贯且易读。

我们感谢教育研究与创新中心管理委员会在项目开发过程中给予的鼓励和支持。

本报告为经合组织的"工作、创新、生产力和技能中的人工智能"（Artificial Intelligence in Work, Innovation, Productivity and Skills, AI-WIPS）计划做出了贡献，该计划为政策制定者提供新的证据和分析，帮助他们了解人工智能在能力和传播方面的最新进展及其对劳动力市场的影响。该计划旨在帮助确保人工智能在工作领域的有效应用，确保其惠及所有人，以人为本，并被广大民众所接受。"工作、创新、生产力和技能中的人工智能"计划得到了德国联邦劳动和社会事务部（BMAS）的支持，并将与德国人工智能观察站在该部门的数字、工作和社会政策实验室中的工作互为补充。获取更多信息，请访问 https://oecd.ai/work-innovation-productivity-skills 和 https://denkfabrik-bmas.de/。

目录

概要

方法 1

主要发现 2

结论 3

1 研究背景：人工智能的影响

前期研究 7

目标与探索性评估方法 12

本报告的总体规划 14

参考文献 14

注释 17

2 人类技能和人工智能能力的竞逐

人类技能供给的变化 21

人工智能能力的近期发展 30

测评人工智能能力的重要性 39

参考文献 40

附录 2.A 补充表格 44

注释 44

3 采用成人技能调查评估人工智能能力的方法

成人技能调查概述 46

组建计算机科学家团队 51

搜集专家判断 53

制定调查问卷 54

构建人工智能阅读和数学推理表现的统合评分 56

挑战和经验 57

参考文献 59

4 专家对人工智能阅读理解和数学推理能力的评估

对人工智能阅读理解能力的评估 62

对人工智能数学推理能力的评估 74

参考文献 87

附录 4.A　补充表格 88

5 2016—2021 年人工智能阅读理解和数学推理能力的演进

人工智能阅读理解能力的演进 90

人工智能数学推理能力的演进 98

参考文献 105

附录 5.A　补充插图 105

注释 106

6 人工智能能力演进对就业和教育的启示

本研究结果总结 110

人工智能阅读理解和数学推理能力演进的政策启示 115

评估人工智能的一种新方法 126

参考文献 128

注释 130

人工智能的进步正在引发一场广泛而迅猛的技术变革。理解人工智能的能力与人类技能的关联，以及二者如何随着时间的推移而发展，对于理解这场进行中的变革至关重要。通过与人类比较来认清人工智能的能力，能帮助我们预测未来几年哪些技能会被淘汰、哪些技能日益重要。这些基本知识有助于政策制定者改造教育系统，从而让学生更好地为迎接未来做准备，同时为成人学习者提供更新技能的机会。

本报告延续此前的试点研究，搜集了关于人工智能在经合组织国际成人能力评估项目（Programme for Intenational Assessment of Adult Competencies, PIAAC）阅读和数学测试中表现水平的专家评价。报告阐述了自 2016 年试评以来，到 2022 年年中（ChatGPT 发布前不久），人工智能能力在这些领域是如何演进的。对人工智能阅读理解和数学推理能力的评估，是预测其对人类工作和生活产生影响的指针，因为这两项能力与大多数社会环境及工作场景有关联。

本研究是正在进行的综合评估项目的一部分，该项目旨在评估计算机能力及其对工作与教育的影响。经合组织教育研究与创新中心"人工智能与技能的未来"项目采用了多种信息资源，建立了易理解、综合性、可重复并与政策相联结的人工智能能力量规。

方法

试评和本项追踪研究分别邀请计算机科学家对人工智能回答国际成人能力评估项目阅读和数学试题的能力进行评级，通过查看大多数专家对各个问题的意见，来估计人工智能在测试中的可能表现。由于使用了标准化的教育测验，因此可以与人类能力进行对比，追踪不同时期人工智能的进步，并给出容易理解的人工智能能力量规。然而，专家的评价意见并非完全一致。本研究旨在通过搜集专家利用标准化测验评估人工智能的知识，改进研究方法，从而解决这一问题。

主要发现

专家期待人工智能在国际成人能力评估项目的阅读和数学测试中取得更佳表现。

  ● 根据专家评价，人工智能能够回答大约 80% 的国际成人能力评估项目阅读试题。它能够解答大多数简单问题，典型的简单问题包括从短文本中找到信息、认识基本词汇。它还能够掌握很多较困难的问题，即通读大段文本后整合答案。专家对这一评价达成了高度共识。

  ● 根据专家评价，人工智能能够回答大约三分之二的国际成人能力评估项目数学试题。但是，这一结论背后仍有分歧。有的专家认为狭义人工智能（narrow AI）只能解决一部分计算题。而另外一些专家认为通用系统（general systems）能够进行数学推理，并处理与国际成人能力评估项目试题相类似的各种数学题。这导致了评价结果的分化，第二类专家的评分低于第一类专家评分。

人工智能的阅读理解能力自 2016 年以来增长显著。

  ● 与试评结果的比较表明，人工智能的阅读理解能力自 2016 年以来取得了相当大的进步。人工智能在阅读测试中的预期正确率提高了 25 个百分点。这体现了此时期自然语言处理的技术突破，GPT 等预训练语言模型的出现也与之有关。

  ● 与专家的探讨指出，人工智能的数学推理能力在 2016—2021 年可能没有很大变化。虽然计算题背后的规范数学运算很容易实现自动化，但是从涉及通用知识且以图文表述的任务中提取规范模型，还没有引起研究者足够的重视。

根据专家评价，到 2026 年，人工智能将能够应对这一整套阅读和数学测试。

- 根据目前的技术进展，以及对自然语言处理的重金投入和研究，专家们断言，人工智能的阅读理解能力还会继续增强。

- 最近，大语言模型经过微调（fine-tuned），被应用于解决数学问题。在这一领域中，出现了重要的基准测试和在测试中表现良好的若干个系统。这些趋势使得专家们期待人工智能在未来几年取得数学题上的重大进步。

人工智能可能超过了大多数人的阅读理解和数学推理能力。

- 国际成人能力评估项目评价的是从低至高的多个水平（水平 1 及以下为低，水平 4 至 5 为高）的阅读理解和数学推理能力。根据专家的评价，人工智能的阅读表现已接近成年人的水平 3。在参与国际成人能力评估项目的经合组织成员中，平均有 90% 的成年人处于水平 3 及以下，只有 10% 的人表现出高于水平 3 的能力。

- 根据专家评价，在回答国际成人能力评估项目的中低难度题目时，人工智能的数学表现接近成年人的能力水平 2，而在回答较难的题目时，人工智能接近成年人的水平 3。在数据可得的经合组织成员国家和经济体中，平均有 57% 的成年人处于数学推理能力的水平 2 及以下，88% 处于水平 3 及以下。

结论

- 本研究尽管仍有局限性，但已表明人工智能在阅读理解和数学推理上的能力进步会对就业和教育产生深远影响。大多数劳动者每天运用这些技能完成工作。与此同时，在过去几十年里，这些技能水平在大多数国家并没有得到提升。相比之下，人工智能的阅读理解和数学推理能力发展迅速。

 ● 在参与国际成人能力评估项目的国家中，平均有 59% 的劳动者每天使用的阅读技能水平与计算机水平相当，甚至低于计算机水平。27%—44% 的劳动者每天使用的计算技能水平不超过人工智能水平。人工智能将会对这些劳动者的阅读和计算工作造成影响。

 ● 即使在当前排名最高的国家，阅读和数学技能超过人工智能的劳动力也没有超过四分之一。有鉴于此，教育的重点应该转向教学生使用人工智能系统，从而更加高效地驾驭阅读和数学任务。

1

研究背景：
人工智能的影响

本章介绍了本项研究，并将其置于更广泛的相关研究背景下。这项研究搜集了专家对于人工智能在经合组织国际成人能力评估项目成人技能调查测试中表现水平的评价，以此来评估人工智能的能力。该研究延续了 2016 年以来的前期研究，跟踪人工智能在国际成人能力评估项目中表现水平的持续变化。本章首先概述了以往对计算机能力及其对经济影响的评价研究。在此背景下，提出本研究的目标，并讨论研究中所采用的人工智能评估方法之潜在优势与劣势。最后，本章介绍了本报告的整体结构。

新技术可以深刻改变人类的生活和工作方式。在过去，蒸汽机、电力和计算机推动了人类社会的转变，它们加快了生产效率和经济增长，并将就业结构从以农业为主转移到以制造业为主，再到后来的以服务业为主。如今，人工智能的进步正在引领一场广泛而迅猛的变革。不同于过去的技术，人工智能和机器人技术已经可以在更多任务中匹敌甚至超越人类，尤其是在图像和语音识别、预测和模式识别场景中。随着计算能力、存储容量和算法的稳步提升，这一过程将掀起比以往更快的技术进步发展浪潮。

理解人工智能及机器人技术的能力与人类技能的关联，以及二者如何随着时间的推移而发展，对于理解这场进行中的技术变革至关重要。通过与人类比较来了解人工智能的能力，能够帮助我们预测未来几年哪些工作任务可能实现自动化、哪些技能会被淘汰、哪些技能日益重要。这些基本认知有助于政策制定者制定有效的劳动力市场政策，以应对技术变革带来的挑战。此外，也可以帮助政策制定者以最佳的方式重塑教育系统，培养面向未来的学生。

2016 年，经合组织开展了一项研究，评估人工智能在人类核心技能方面的能力（Elliott, 2017[1]）。这项试点研究将经合组织成人技能调查作为一项工具，用以评估人工智能是否可以开展面向成年人的教育测试，该调查也是国际成人能力评估项目的一部分。研究结果显示，根据专家的评估，在技术条件成熟的环境下，[1] 人工智能在阅读、数学和解决问题方面的能力接近成年人的能力水平 2。而在经合组织成员国家和经济体中，平均有超过一半的成年人在这些领域的国际成人能力评估项目测试中处于能力水平 2 或以下，未能"超越"人工智能（OECD, 2019[2]）。这表明，许多人在工作中可能会受到不断演进的计算机能力的影响。[2]

本报告延续此前的试点研究，收集了专家对人工智能在国际成人能力评估项目的阅读和数学测试表现水平的判断。研究显示，自上次评估以来，人工智能在这些领域的能力已有所进步。报告的另一个目标是改进评估框架，利用标准化测试来获取有关人工智能的专家知识。本研究是正在进行的综合评估项目的一部分，该项目旨在评估计算机能力及其对工作与教育的影响——经合组织教育研究与创新中心"人工智能与技能的未来"项目旨在制定易理解、综合性、可重复并与政策相联结的人工智能能力量规。[3] 为此，该项目借助了包括专家评估在内的多种有关人工智能的信息来源。

国际成人能力评估项目评估了 16—65 岁的成年人在技术条件成熟的环境下，在阅读、数学和解决问题这三种一般认知技能领域的熟练程度。这些技能是个人有效参与劳动力市场、教育和培训活动以及社会和公民生活所需要能力的关键决定因素。例如，较高的阅读水平与更高的薪资、更多地参与志愿活动、更高的社会信任度，以及更好的就业能力和健康状况相关联（OECD, 2013[3]）。因此，各国都有很大的动力来投资于发展公民的这些技能。这些技能表现为更高的生产力和更强的创新能力，往往与经济回报相关。它们还与社会凝聚力和公民参与、政治和社会信任等重要的社会回报有关。

专家对于人工智能在国际成人能力评估项目的阅读和数学测试中的表现的评估也为政策制定者提供了有用的信息。评估人工智能在这些领域的能力，是预测其对人类工作和生活产生影响的指针，因为阅读理解和数学推理能力与大多数社会环境及工作场景都有关联。此外，采用人类测试进行评估，研究者能够比较人工智能与人类的能力，并就人工智能再现人类技能的能力得出结论。

本章借鉴社会科学、经济学和计算机科学领域的广泛研究，概述了评估计算机能力及其对经济影响的研究，介绍了本研究及其目标。最后，介绍了本报告的整体结构。

前期研究

在政策话语中占据重要地位的人工智能和机器人研究工作，大多源于经济学和社会科学。这些文献通常着重论述人工智能在工作场所取代人类工作的可能性，并评估人工智能执行工作任务的能力。还有一些计算机科学和心理学的研究，从技能和能力的角度分析了人工智能。例如，计算机的哪些能力能够为人类所用，未来它们将如何演进，以及它们与人类技能的关系。

基于任务的方法

在经济学文献中，许多研究从观察各种职业以及这些职业的工作内容入手来展开分析。研究者分析职业任务是否容易受到自动化的影响，通常要借鉴计算机专家的判断。其目的是量化机器能够在多大程度上替代人类完成这些职业任务。然后，将这些信息与劳动力市场数据进行关联，以研究职业自动化对就业和薪资的影响。本节重点介绍这一领域的重要研究。

基于任务的方法起源于奥托、利维和穆尔南（Autor, Levy & Murnane, 2003[4]）的开创性研究。这项研究假设机器只能替代人类完成精确设计、按部就班的任务，因为此类任务很容易被编码成为程序。相比之下，非例行任务，比如那些涉及问题解决、社会交互的任务，不适合自动化，因为它们难以解释。该模型预测，随着技术成本的下降，不同任务的劳动力需求将受到不同程度的影响。随着雇主越来越多地用廉价的机器取代工人，从事例行任务的劳动力需求将出现下降。同时，为了满足在工作场所应用技术的需求，也诞生了一些非例行任务，如开发和操作机器。为此，市场需要更多的高技能劳动力。

鉴于最近取得的技术进步，许多研究对奥托、利维和穆尔南（Autor, Levy & Murnane, 2003[4]）的方法进行了扩展。在一项最广为引用的研究中，弗雷和奥斯本（Frey & Osborne, 2017[5]）辨别了三种至今仍难以实现自动化的任务类型：感知操作任务，如在非结构化环境中进行导航；创造性智力任务，如作曲；社会性智力任务，如谈判和劝说。根据专家评估 70 种职业的自动化程度的方式，他们分析了这些"瓶颈"任务与评估方式之间的关系。利用这种估计关系，他们预测了另外 600 多种职业自动化的可能性。该分析依据的是美国劳工部的职业信息网络（O*NET）数据库。O*NET 是一个职业分类数据库，它对职业和工作任务进行了系统性关联（National Center for O*NET Development, n.d.[6]）。该研究将职业自动化程度与美国劳动力市场数据进行了映射，估算得出，在美国有 47% 的就业岗位处于自动化的高风险中。

在经合组织的支持下，阿恩茨、格雷戈里和齐拉恩（Arntz, Gregory & Zierahn, 2016[7]）以及内德尔科斯卡和金蒂尼（Nedelkoska & Quintini, 2018[8]）分别开展了两项研究。他们对弗雷和奥斯本的模型方法进行了改进，在分析中纳入了更多国家的数据，并且针对"瓶颈"任务选取了更细粒度的数据。此外，在估计自动化程度时，他们并没有停留在职业层面，而是深入工作任务层面。这说明，即使在同一职业中，不同任务也可能在自动化倾向上有所差异。就具有自动化倾向的任务比例而言，这些研究所得出的数字远远低于弗雷和奥斯本（Frey & Osborne, 2017[5]）的分析结果：阿恩茨等（Arntz et al., 2016[7]）的研究显示，21 个经合组织成员国家和经济体的工作任务自动化平均比例为9%；内德尔科斯卡和金蒂尼（Nedelkoska & Quintini, 2018[8]）的研究显示，32个国家和经济体的工作任务自动化平均比例为 14%。

基于专利信息对自动化进行评估

一些研究利用专利信息来测评人工智能和机器人技术在工作场所的适用性。在韦布（Webb, 2020[9]）的研究中，他从专利说明书中搜索了"神经网络""深度学习"和"机器人"等关键词，以查找有关人工智能和机器人技术的专利。然后，他研究了这些专利的文字说明与 O*NET 中对各种职业的任务描述之间存在哪些重叠。通过这种方式，该研究量化了各职业受这些技术影响的程度。结果表明，低技能劳动者的工作岗位和低工资的工作岗位最容易受到机器人技术的影响，而要求大学学位的工作岗位最容易受到人工智能的影响。此外，职业对机器人技术的敏感度增加与就业率和工资的下降存在关联。

斯奎恰里尼和斯塔乔利（Squicciarini & Staccioli, 2022[10]）采取了与韦布（Webb, 2020[9]）类似的方法。他们利用文本挖掘技术识别了节省劳动力的机器人技术专利，并测量其与 ISCO-08 国际标准职业分类中的职业描述的文本相似度（ILO, 2012[11]）。通过这种方式，他们估算了各种职业受机器人技术影响的程度。研究发现，低技能的蓝领工作岗位，以及分析性职业最易受到机器人技术的影响。不过，没有证据表明劳动力被取代，因为这些职业的就业份额在一段时间内未有变化。

依托基准的人工智能量规

在人工智能的研究中，常常使用基准（benchmark）来评价机器在特定任务和领域中的应用进展。一个基准就是一个测试数据集，系统基于该数据集来执行一项或一组任务，并以标准的数值度量来评定性能。这种方式为比较不同的系统提供了一个通用试验台。一些研究将基准信息与职业信息相关联，以评估不断发展的人工智能能力如何影响职场。

ImageNet 是较为常用的基准之一，这是一个公开的大型数据集，用于测试系统对图像进行正确分类的能力（Deng et al., 2009[12]）。在语言领域，通用语言理解评价（General Language Understanding Evaluation, GLUE）基准用于测试系统在多种任务上的表现，包括预测单个句子的情感，以及检测句对（sentence pair）中语句之间的语义相似性（Wang et al., 2018[13]）。在强化学习中，街机学习环境（Arcade Learning Environment）通过测试各种解决任务的策略，并识别最有效的解决方案，来测试人工智能体（AI agent）在指定任务上实现性能最大化的能力（Bellemare et al., 2013[14]）。

费尔滕、拉杰和西曼斯（Felten, Raj & Seamans, 2019[15]）的研究使用了基准的评价结果，用于测评人工智能在主要应用领域的进展，如图像和语音识别。他们要求众包平台上的工作者评价各个人工智能应用领域与O*NET中的职业所需的关键能力的关联性。基于这些人工智能领域与职业的关联，他们评估了这些职业受人工智能影响的程度。他们认为，如果一个职业所需的能力与发展更快速的人工智能领域相关联，则该职业更容易受到人工智能的影响。研究发现，人工智能对职业的影响与职业的薪资增长呈正相关关系，但与就业率没有关联。

托兰等（Tolan et al., 2021[16]）使用与328个人工智能基准相关的研究成果（例如，研究报告、新闻、博客文章）测评了人工智能的进展方向（另见Martínez-Plumed et al., 2020[17]）。基于从劳动力调查以及O*NET中获得的数据，他们将这些量规与职业中的任务关联起来。人工智能进展与工作任务之间的联系乃是通过一个关键认知能力的中介层，它衍生自心理学、动物认知和人工智能方面的工作，包括广泛的基本能力，如视觉处理和导航能力。具体而言，该研究借鉴了各学科的专家判断，分析了人工智能基准对认知能力、认知能力对处理工作任务，以及人工智能基准通过认知能力的中介对处理工作任务的影响关系。结果表明，高收入职业（如医生）受人工智能的影响相对较大，而低收入职业（如司机或清洁工）受人工智能的影响较小。

将人工智能相关岗位的招聘启事作为一项指标，以测评企业对人工智能的应用

企业对人工智能专家的需求可以作为一项指标，来考查人工智能在工作场所的应用。这项判断基于这样的假定：部署人工智能技术的企业同样需要具有人工智能相关技能的人员，以操作和维护这些技术产品。采用这种方法的研究从招聘启事中获取企业的技能需求信息。

阿列克谢耶娃等（Alekseeva et al., 2021[18]）搜索了人工智能相关技能人才的招聘启事。这些招聘启事和预先定义的人工智能技能清单源于凸透镜技术公司（Burning Glass Technologies，BGT），该公司每天从网络上收集空缺职位信息，然后系统化地提供关于这些职位的技能要求信息。研究表明，在对人工智能技能需求较高的公司，无论是人工智能相关职位还是非人工智能职位，都能获得更高的薪酬。根据阿列克谢耶娃等的说法，这一证据表明：工作场所为了应用人工智能技术，也会提高对高级技能的辅助任务（如项目和人员管理任务）的需求。

巴比纳及其同事（Babina et al., 2020[19]）没有使用预先指定的人工智能关键词，而是估计了 BGT 数据中包含的技能与核心人工智能概念在职位信息中共现的频率，例如"人工智能"和"机器学习"等核心概念。他们的观点是，与核心人工智能术语经常一起被提及的技能是与人工智能相关的。他们通过这种方式评估了招聘启事中的技能要求与人工智能相关的程度。他们发现，那些需要人工智能相关技能的公司在销售、招聘和市场份额方面的增长速度位于行业领先地位。

基于技能的评估：一种新的方法

测评人工智能对工作的影响，也可以通过比较人工智能的能力和工作场所所需的全部人类技能。这种比较直接解答了人工智能是否能取代人类工作的问题，而且进一步提供了超越当前职业范围的人工智能影响的相关信息。例如，它可以揭示未来应如何重新规划职业，以更好地协调人工智能和人类技能，以及教育的发展应如何做出回应。

借助为人类开发的标准化测试来评估人工智能的能力，可以实现人工智能与人类技能的比较。在计算机科学研究中，已经把不同类型的人类测试用于人工智能的评价，包括智商测试（例如 Liu et al., 2019[20]），以及学校的数学考试（Saxton et al., 2019[21]）和科学考试（Clark et al., 2019[22]）。

目标与探索性评估方法

本研究旨在通过专家判断人工智能是否可以完成国际成人能力评估项目测试，来评估人工智能的能力。本研究也是经合组织开展的人工智能评估项目——"人工智能与技能的未来"的一部分，该项目旨在制定人工智能能力的量规，以帮助政策制定者和公众了解人工智能对教育和工作的影响。

这些量规应该满足以下几项要求：

● 应提供一个公认描述人工智能能力的框架。这个框架应显示人工智能最重要的优势及其局限性，并凸显人工智能能力何时发生重大变化。

● 与任何量规一样，应该确保其有效性及可靠性。也就是说，它们应反映声称要测量的人工智能的各个方面（有效性）并提供一致的信息（可靠性）。

● 量规应该是非专业人士可以理解的、可重复使用的、综合全面的，因此人工智能的所有关键方面都应涵盖在内。它们还应该与政策相联结，帮助揭示人工智能对教育、工作和经济的影响。

"人工智能与技能的未来"项目借鉴了关于人工智能能力的各种信息来源，制定了人工智能的量规：通过基准和专家判断对人工智能能力进行直接评估（OECD, 2021[23]）。

这种直接评估是指，通过人工智能领域的基准、竞赛和评价活动来跟踪进展并评价各个系统的性能。然而，直接评估的量规通常只适用于当前的研究和开发领域，并未覆盖许多与工作相关的任务和技能。此外，这些量规以最先进的人工智能技术为中心，至于那些对当前系统来说太容易或太难的任务，其性能并不能得到评估。

在缺乏直接评估量规信息的领域，专家判断可作为评估框架的补充。通过填补这些空白，依托专家判断的量规可以促进对人工智能能力的更全面评估。

该项目采用一系列不同的测试来收集专家对人工智能的判断。作为对国际成人能力评估项目的补充，它使用国际学生评估项目（Programme for International Student Assessment, PISA）来测评关键的认知技能，同时采用职业教育和培训测试来评估特定职业的技能。此外，来自动物认知和儿童发展领域的测试将用于评估所有健康成年人具备，但人工智能不一定具备的基本低水平技能（如空间记忆和情景记忆）（OECD, 2021[23]）。

2016 年开展的试点研究为"人工智能与技能的未来"项目奠定了基石（Elliott, 2017[1]）。专家对人工智能能否进行人类测试的判断为该研究贡献了宝贵的信息。该试点研究以及后续研究都旨在利用专家判断来探究如何以成人技能调查来评估人工智能的能力。这种新方法凸显了以下优势：

• 基于具体测试项目的评级能够对计算机能力进行更精确的估计。测试项目提供了精确的、情境化的、细粒度的任务描述，能够支持专家对计算机能力的判断。这样，计算机专家无须对任务要求做出额外假设，即可对人工智能在任务中的潜在表现进行评级。这意味着，即使是不同的评价者，也能做出同样可靠的评价，且评价的可重复性更高。

• 使用人类测试能够对计算机和人类的能力进行对比。特别是，国际成人能力评估项目能够对不同背景、不同年龄组和不同职业的技能供给进行精细分析。这样便可以拿人工智能与特定劳动者群体的平均表现进行对比。此外，该测试提供了从简单任务到复杂任务的进阶，支持对人工智能与人类的熟练程度进行评估与比较。

• 通过标准化测试，可以跟踪人工智能在不同时期的进展。因此，不同专家可以在不同时间点进行可重复的评价。

• 根据标准化测试来评估人工智能，可以提供可理解的量规。使用国际成人能力评估项目来描述人工智能的能力，能够为教育工作者和教育研究人员提供有意义的信息。他们大多熟悉成人技能调查等测试中评估的技能类型，也熟悉在教育中培养这些技能的方法以及在工作和日常生活中可能使用这些技能的方式。

然而，这一评估方法也面临一些挑战：

• 过度拟合是一种常见风险，不仅影响人类测试在人工智能上的使用，也会影响任何其他评价工具。过度拟合意味着人工智能系统可以在一项测试中表现出色，却无法胜任与该测试仅存在细微差别的其他任务。发生这种情况是因为人工智能系统的能力通常是"狭隘的"，它是为了执行特定任务训练而生的。

● 另一项挑战在于，针对人类设计的测试通常将所有人类（没有严重残疾的人类）共有的技能视为基础技能，例如视觉和常识。由于无法假设人工智能具有这些技能，因此人类测试会对人类和机器产生不同的影响。例如，对图片中的物体进行计数是一项简单任务，它测试的是人类的计数能力，但对于人工智能来说，它测试的却是系统的物体识别能力。

本报告的总体规划

本报告介绍了使用国际成人能力评估项目评价人工智能能力的源起、方法和结果。第 2 章提供了背景信息，说明了人类在阅读和数学方面的技能是如何演进的，以及在同一个时期内，处理语言和解决数学任务的技术是如何演变的。该章表明计算机能力的发展显著快于人类在关键领域的能力发展，以此来强调定期对这两者进行评估和比较的必要性。第 3 章描述了如何搜集专家就人工智能能否进行国际成人能力评估项目测试做出的判断。第 4 章和第 5 章介绍了研究结果。第 4 章介绍的是这项追踪研究的结果，而第 5 章将这些结果与试点研究的结果进行了比较，以跟踪自 2016 年开展评估以来，人工智能在阅读和计算方面的能力变化。第 6 章讨论了不断发展的人工智能能力对教育和工作政策的影响。

参考文献

Alekseeva, L. et al. (2021), "The demand for AI skills in the labor market", *Labour Economics*,Vol. 71, p. 102002, https://doi.org/10.1016/j.labeco.2021.102002.　　[18]

Arntz, M., T. Gregory and U. Zierahn (2016), "The Risk of Automation for Jobs in OECD Countries: A Comparative Analysis", *OECD Social, Employment and Migration Working Papers*, No. 189, OECD Publishing, Paris, https://doi. org/10.1787/5jlz9h56dvq7-en.   [7]

Autor, D., F. Levy and R. Murnane (2003), "The Skill Content of Recent Technological Change:An Empirical Exploration", *The Quarterly Journal of Economics*, Vol. 118/4, pp. 1279-1333, https://doi.org/10.1162/ 003355303322552801.   [4]

Babina, T. et al. (2020), "Artificial Intelligence, Firm Growth, and Industry Concentration", *SSRN Electronic Journal*, https://doi.org/10.2139/ssrn.3651052.   [19]

Bellemare, M. et al. (2013), "The Arcade Learning Environment: An Evaluation Platform for General Agents", *Journal of Artificial Intelligence Research*, Vol. 47, pp. 253-279, https://doi.org/10.1613/jair.3912.   [14]

Clark, P. et al. (2019), "From 'F' to 'A' on the N.Y. Regents Science Exams: An Overview of the Aristo Project".   [22]

Deng, J. et al. (2009), "ImageNet: A large-scale hierarchical image database", *2009 IEEE Conference on Computer Vision and Pattern Recognition*, https://doi.org/10.1109/ cvpr.2009.5206848.   [12]

Elliott, S. (2017), *Computers and the Future of Skill Demand*, Educational Research and Innovation, OECD Publishing, Paris, https://doi.org/10.1787/ 9789264284395-en.   [1]

Felten, E., M. Raj and R. Seamans (2019), "The Variable Impact of Artificial Intelligence on Labor: The Role of Complementary Skills and Technologies", *SSRN Electronic Journal*, https://doi.org/10.2139/ssrn.3368605.   [15]

Frey, C. and M. Osborne (2017), "The future of employment: How susceptible are jobs to computerisation?", *Technological Forecasting and Social Change*, Vol. 114, pp. 254-280, https://doi.org/10.1016/j.techfore.2016.08.019.   [5]

ILO (2012), *International Standard Classification of Occupations. ISCO-08. Volume 1: Structure,group definitions and correspondence tables*, International Labour Organization.   [11]

Liu, Y. et al. (2019), "How Well Do Machines Perform on IQ tests: a Comparison Study on a Large-Scale Dataset", *Proceedings of the Twenty-Eighth International Joint Conference on Artificial Intelligence*, https://doi.org/10.24963/ijcai.2019/846.   [20]

Martínez-Plumed, F. et al. (2020), "Does AI Qualify for the Job?", *Proceedings of the AAAI/ACM Conference on AI, Ethics, and Society*, https://doi.org/10.1145/3375627.3375831. [17]

National Center for O*NET Development (n.d.), *O*NET 27.2 Database*, https://www.onetcenter.org/database.html (accessed on 24 February 2023). [6]

Nedelkoska, L. and G. Quintini (2018), "Automation, skills use and training", *OECD Social,Employment and Migration Working Papers*, No. 202, OECD Publishing, Paris, https://doi.org/10.1787/2e2f4eea-en. [8]

OECD (2021), *AI and the Future of Skills, Volume 1: Capabilities and Assessments*, Educational Research and Innovation, OECD Publishing, Paris, https://doi.org/10.1787/5ee71f34-en. [23]

OECD (2021), *The Assessment Frameworks for Cycle 2 of the Programme for the International Assessment of Adult Competencies*, OECD Skills Studies, OECD Publishing, Paris, https://doi.org/10.1787/4bc2342d-en. [25]

OECD (2019), *Skills Matter: Additional Results from the Survey of Adult Skills*, OECD Skills Studies, OECD Publishing, Paris, https://doi.org/10.1787/1f029d8f-en. [2]

OECD (2013), *OECD Skills Outlook 2013: First Results from the Survey of Adult Skills*, OECD Publishing, Paris, https://doi.org/10.1787/9789264204256-en. [3]

OECD (2012), *Literacy, Numeracy and Problem Solving in Technology-Rich Environments: Framework for the OECD Survey of Adult Skills*, OECD Publishing, Paris, https://doi.org/10.1787/9789264128859-en. [24]

Saxton, D. et al. (2019), "Analysing Mathematical Reasoning Abilities of Neural Models". [21]

Squicciarini, M. and J. Staccioli (2022), "Labour-saving technologies and employment levels: Are robots really making workers redundant?", *OECD Science, Technology and Industry Policy Papers*, No. 124, OECD Publishing, Paris, https://doi.org/10.1787/9ce86ca5-en. [10]

Tolan, S. et al. (2021), "Measuring the Occupational Impact of AI: Tasks, Cognitive

Abilities and AI Benchmarks", *Journal of Artificial Intelligence Research*, Vol. 71, pp. 191-236, https://doi.org/10.1613/jair.1.12647.   [16]

Wang, A. et al. (2018), "GLUE: A Multi-Task Benchmark and Analysis Platform for Natural Language Understanding".   [13]

Webb, M. (2020), "The Impact of Artificial Intelligence on the Labor Market", *SSRN Electronic Journal*, https://doi.org/10.2139/ssrn.3482150.   [9]

注释

1 国际成人能力评估项目将技术条件成熟的环境下解决问题的能力定义为"使用数字技术、通信工具和网络来获取和评价信息、与他人沟通并执行实际任务"的能力（OECD, 2012[24]）。其重点不在于"计算机的阅读能力"，而在于信息时代所需的认知技能。例如，在互联网上查找信息并评价信息的质量和可信度；使用电子表格、统计软件包，或操作计算机管理个人财务。

这些技能只在国际成人能力评估项目的第一周期（2011—2017 年）进行评估，这也是本报告的研究重点。正在进行的第二周期旨在评估适应性问题解决能力。这关注的是问题解决者处理动态变化情境，并根据新信息或新情况调整其最初解决方案的能力（OECD, 2021[25]）。

2 在本报告中，"计算机"一词泛指人工智能、机器人和其他类型的信息和通信技术。

3 参见 https://www.oecd.org/education/ceri/future-of-skills.htm（访问日期：2023 年 2 月 21 日）。

2

人类技能和人工智能能力的竞逐

本章概述了在阅读和计算领域人类技能和计算机能力的演进。首先，利用国际学生评估项目、国际成人能力评估项目、国际成年人扫盲调查（International Adult Literacy Survey, IALS）以及成年人阅读和生活技能调查（Adult Literacy and Life Skills Survey, ALL）的数据，分析了16—65岁成年人、在职成年人和15岁学生的技能水平变化。然后，介绍了人工智能在自然语言处理和数学推理领域的最新趋势。这些技术发展与人工智能在国际成人能力评估项目测试中的潜在表现具有相关性。本章展示了技术进步在关键技能领域的发展速度远超过人类技能的发展速度，强调了定期系统地监测人工智能能力演进并将其与人类技能进行对比的必要性。

国民的技能水平是影响一个国家的创新力、增长力和竞争力的关键因素。因此，各国均致力于增加技能供应，优化技能存量。不过，实现这一目标的政策因国家而异。一些政府投资于教育，并努力提高培训项目与劳动力市场的相关性，以发展面向未来劳动力市场的"正确"技能，即满足经济所需且能够助力个人发展的技能。还有一些政策旨在提高和重塑劳动力的技能。例如，鼓励雇主在工作场所提供更多学习机会；加强终身学习；鼓励失业人员向就业市场回流；为移民提供培训，帮助他们进入劳动力市场。然而，所有这些政策都需要投入时间，才能有效促进劳动力技能的形成。

相比之下，随着技术进步的快速推进，机器已可以复制越来越多的人类劳动者技能。过去十年间，大数据、计算能力、存储容量和算法技术的进步尤其推动了人工智能和机器人能力的巨大改进。与人类相比，如今的人工智能在各种任务上实现了更快速、更准确、偏差更小的处理。例如，语言处理技术在语音识别和限定领域的翻译方面已经超过了人类的表现水平。在需要逻辑推理或常识性知识的挑战性语言处理方面，它也取得了相当大的进展。在视觉领域，人工智能在物体检测、人脸识别和许多基于图像的医疗诊断方面已经超过了人类的水平。在机器人领域，系统的能力仍然受到非结构化环境的限制。然而，它们已然日益敏捷，这主要得益于机器学习的进步和复杂传感器系统可用性的增强（Zhang et al., 2022[1]）。

关于在阅读和数学方面人类技能和计算机能力如何随时间演进，本章介绍了一些背景信息。通过展示计算机能力的快速发展，本章强调了定期系统地监测人工智能的能力演变并将其与人类技能进行对比的必要性。

本章首先分析了 16—65 岁的成年人在阅读和数学领域的技能水平，并展示了这种技能的演进过程。该分析借鉴了国际成人能力评估项目，以及两个早期技能评估项目的可比数据，即 1994—1998 年进行的国际成年人扫盲调查和 2003—2007 年进行的成年人阅读和生活技能调查。分析还重点关注了学生的阅读和数学技能，使用的是 2000—2018 年国际学生评估项目的数据。然后，本章概述了自然语言处理和人工智能定量推理领域的最新技术发展。

人类技能供给的变化

评估人类技能的长期发展并非易事。经济研究传统上使用平均受教育年限以及获得的学历和文凭作为技能供给的指标。从这个角度来看，在过去十年间，经合组织的技能供给应该是有所增加的，因为其所有成员国家和经济体中，拥有高等教育学位的成年人口比例都在增加（OECD, 2023[2]）。

然而，正规教育学历并不总能完全反映个人的实际技能。例如，它们没有涵盖个人在接受正规教育后获得的技能和知识，也不能反映因中止就业活动或年龄增长而丧失的技能（OECD, 2012[3]）。相比之下，诸如国际成人能力评估项目这样的技能评估项目提供了针对技能的直接测量，尽管这些项目仅适用于范围狭窄的一部分技能。

在下文中，我们使用国际成人能力评估项目的结果来呈现成年人的阅读和数学技能水平。到目前为止，只有一个轮次的调查数据可用。把这些数据与国际成年人扫盲调查的可比数据相结合，可以研究阅读技能的演进。共有 19 个国家或经济体同时参加国际成人能力评估项目和国际成年人扫盲调查，调查的时间跨度为 13—18 年。[1] 通过比较国际成人能力评估项目和 2003 年开展的成年人阅读和生活技能调查的结果，以及 2006 年和 2008 年之间再次开展的成年人阅读和生活技能调查的结果，我们分析了数学能力的变化。这种比较仅适用于 7 个国家，而且时间跨度较小，只有 5—9 年。[2]

阅读能力的变化

由于两项调查所采用的评估工具的变化，国际成人能力评估项目和国际成年人扫盲调查给出的阅读能力数据的可比性有限。针对阅读领域，国际成人能力评估项目包含了国际成年人扫盲调查中的两个独立领域的材料，即散文阅读和文件阅读（OECD, 2016[4]）。然而，国际成年人扫盲调查的数据经过了重新分析，以形成可比较的整体阅读领域的分数（OECD, 2013[5]）。在国际成人能力评估项目中使用的阅读题目，有超过一半也曾在国际成年人扫盲调查中使用过，这些共用题目为在两项调查之间构建可比标度提供了基础。

技能评估采用 500 分制，该分制用于描述单个测试问题的难度和参加调查的成年人对技能的熟练程度。为了便于理解，这个连续量尺通常采用 6 个难度 / 熟练水平来描述——从 1 级以下到 5 级。难度级别低（水平 1 及以下）的阅读问题使用的是由几句话组成的短文，问题的答案可以从短文中清楚地识别。至于较高水平的问题，文本较长，可能需要对问题进行解读或归纳，以免被表面信息误导。当个体能够成功完成该水平的三分之二的问题时，即表示其达到某种能力水平。问题的难度越低，答对的机会越大；而问题的难度越高，答对的机会越小。

图 2.1 显示在国际成人能力评估项目和国际成年人扫盲调查中，19 个经合组织成员国和经济体 15—65 岁成年人阅读能力的平均值。由于处于最高水平和最低水平的成年人相对较少，因此水平 1 及以下的应答者被合并为一个类别；同样，水平 4 和水平 5 的应答者被合并为一个类别。在国际成人能力评估项目中，超过三分之二的成年人的阅读能力处于水平 2 或水平 3。在开展国际成人能力评估项目和国际成年人扫盲调查之间的十余年间，成年人的阅读技能水平平均来说变化不大。处于水平 2 的成年人比例增加了 4 个百分点，而处于水平 1 及以下和水平 4—5 的成年人比例分别减少了 2 个百分点。

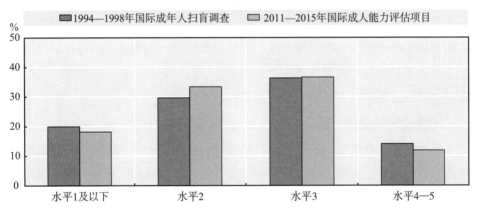

图 2.1　在国际成人能力评估项目和国际成年人扫盲调查中，15—65 岁人群的阅读水平

来源：改编自 Elliott, S. (2017[6]), *Computers and the Future of Skill Demand*, Figure 2.1, https://doi.org/10.1787/9789264284395-en.

为了便于比较，图 2.2 只显示了成年劳动人口的阅读能力。劳动人口与全部成年人口的技能水平分布相似。近四分之三（71%）的劳动人口的阅读技能达到了水平 2 和水平 3，13% 的劳动人口拥有最高水平技能。与国际成年人扫盲调查的结果相比，劳动人口的阅读技能随时间推移略有下降。水平 4 和水平 5 的个体比例下降了 3 个百分点，而水平 2 的个体比例增加了 4 个百分点。对各个国家的考察显示，阅读技能的下降在加拿大、丹麦、德国、挪威、瑞典和美国更为明显（见附录 2.A 的表 A2.2）。只有在澳大利亚、波兰和斯洛文尼亚，能够看到阅读技能的分布向更高技能水平转移。

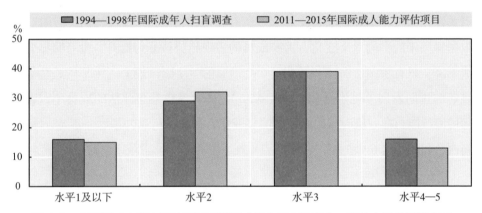

图 2.2　在国际成人能力评估项目和国际成年人扫盲调查中，劳动人口的阅读水平

来源：改编自 Elliott, S. (2017[6])，*Computers and the Future of Skill Demand*, Figure 2.2, https://doi.org/10.1787/9789264284395-en.

　　在大多数国家，尽管受教育程度有所提升，但成年人的阅读技能并没有随着时间的推移而提高，这与成年人口构成的变化有关（Paccagnella, 2016[7]）。在两次调查之间，所有国家的人口平均年龄都有所增加。此外，所有国家都出现了一种现象：移民导致在外国出生的成年人口比例上升。这两种趋势都关联着较低的阅读技能水平，抵消了受教育程度提高所带来的阅读能力的提升。

　　一个国家的技能供给不仅取决于在职人口的技能水平，还取决于国家如何培养青年群体的技能，为他们做好进入劳动力市场的准备。国际学生评估项目的结果显示了青少年在阅读、数学和科学方面的知识和技能水平。自 2000 年以来，该评估每三年举行一次，从而能够观察学生技能发展的长期趋势。每一轮评估侧重于三个科目中的一个，而对于其他两个科目只提供基本结果。对一个科目的首次全面评价，为对比该科目未来趋势设定了起点。第一轮评价将阅读作为主要领域，因此可以观察到自 2000 年以来学生阅读能力变化的趋势。

国际学生评估项目将阅读能力定义为"对文本进行理解、使用、评价、反思和互动的能力，旨在实现个人的目标，发展个人的知识和潜力，并融入社会"（OECD, 2019, p. 14[9]）。阅读技能的评分与第一次主要评估中观察到的所有测试参与者的结果差异有关。也就是说，分数并不具有实质性意义。这些分数被拟合为平均值为 500、标准差为 100 的正态分布。

图 2.3 显示了自 2000 年以来经合组织成员阅读技能的平均分数的趋势，重点关注在国际学生评估项目中参加了所有阅读评估项目的 23 个经合组织成员。根据每三年的平均水平变化，这些成员的表现趋势被分为提升、没有明显变化或下降。只有德国、波兰和葡萄牙 3 个国家的学生阅读能力三年平均趋势呈现显著的正向发展（见附录 2.A 的表 A2.3）。在大多数参与评估的成员中，青少年的阅读能力在一段时间内并没有明显变化。在澳大利亚、芬兰、冰岛、韩国、新西兰和瑞典这 6 个国家，阅读能力呈现下降趋势（见附录 2.A 的表 A2.3）。

数学能力的变化

国际成人能力评估项目和国际成年人扫盲调查的数学能力数据不可以相互比较。由于国际成人能力评估项目中的数学推理能力领域与国际成年人扫盲调查中的量化素养领域有很大不同，因此无法为早期调查构建一个可比标度。

在测评的构念和测试内容方面，国际成人能力评估项目的数学推理能力评估与成年人阅读和生活技能调查相似（OECD, 2013[10]; Paccagnella, 2016[7]）。国际成人能力评估项目中使用的大部分数学推理能力测试题目都在成年人阅读和生活技能调查中出现过。成年人阅读和生活技能调查的数学能力结果也经过了重新估计，以适应国际成人能力评估项目中使用的测量标度。这些关于数学能力的可比数据适用于加拿大、匈牙利、意大利、荷兰、新西兰、挪威和美国这 7 个经合组织成员国。

在国际成人能力评估项目中，数学推理能力与阅读理解能力都采用 500 分制进行评估，同样划分为 4 个能力水平。达到某种水平的应答者能够解决该水平上大约三分之二的问题。同样，他们在难度较低的问题上容易成功，而在难度较高的问题上不太容易成功。低难度问题要求应答者进行简单的单步操作，

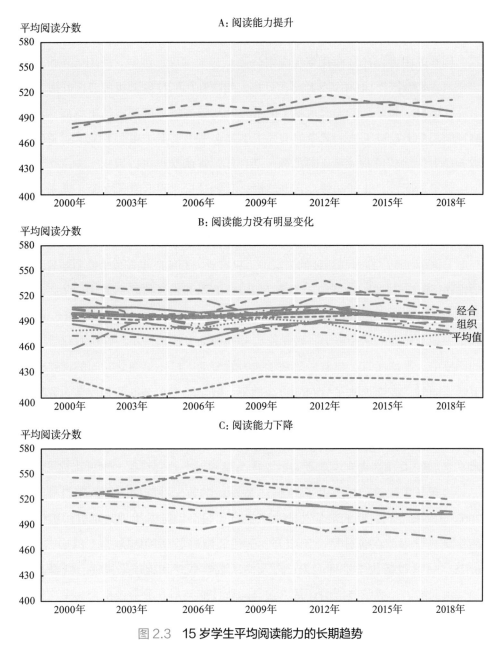

图 2.3　15 岁学生平均阅读能力的长期趋势

　　注：自 2000 年以来参加国际学生评估项目阅读评估的 23 个经合组织成员的平均阅读分数。根据每三年的平均水平变化，这些成员的表现趋势被分为提升、没有明显变化和下降三个类别。平均水平变化趋势是国际学生评估项目最早测评结果与 2018 年该项目测评结果之间每三年的平均变化，通过线性回归计算得出。A 图显示的是表现趋势显著正向的成员，B 图显示的是表现趋势不显著的成员，C 图显示的是表现趋势显著负向的成员。

　　来源：OECD (2019[8]), *PISA 2018 Results (Volume I): What Students Know and Can Do*, Table I.B1.10, https://doi.org/10.1787/5f07c754-en.

如计数或排序。相比之下，难度较高的问题通常需要理解和整合多个数学步骤，如阅读图表、计算变化率和应用公式。

图 2.4 显示了 16—65 岁人群在成年人阅读和生活技能调查以及国际成人能力评估项目的 4 个数学能力水平上的分布。与阅读能力的调查结果类似，参与测评的国家大部分人口的数学能力处于中等水平（水平 2 和水平 3）。对比国际成人能力评估项目和成年人阅读和生活技能调查的结果可以看出，在这 7 个国家中，平均而言，技能从较高水平略微转移到较低水平。具体来说，处于水平 3 的成年人比例下降了 3 个百分点，而处于最低数学能力水平的成年人比例增加了 2 个百分点。这一趋势在加拿大、匈牙利、荷兰、挪威更为明显，美国在一定程度上也是如此。在参与测评的国家中，只有意大利的成年人数学能力随着时间的推移呈现提升趋势。然而，这种提升很大一部分是由低技能个体贡献的。

图 2.5 显示了劳动人口的数学能力及其演变。与全体成年人口相比，劳动人口表现出较高的数学能力，数学能力差的劳动者比例较小。在所有接受测评的国家中，平均而言，具有中等数学能力的劳动人口比例随着时间的推移略有下降。同时，在能力水平分布的边缘地带，数学能力水平最低和较高的劳动者比例有所增加。匈牙利和挪威的情况就是如此。在加拿大和荷兰，成年劳动者的数学能力已经从较高水平（水平 3—5）转移到较低水平（水平 1 及以下和水平 2）。只有在意大利，劳动者数学能力呈现上升趋势。

国际学生评估项目提供了关于 15 岁学生的数学技能的信息。我们得以对 2003 年以来不同时期的数学技能水平进行比较。国际学生评估项目将数学技能定义为学生"在各种情况下组合、运用和解释数学的能力"（OECD, 2019, p. 75[9]）。这包括数学推理能力，以及使用数学概念和程序来描述、解释及预测现象的能力。数学技能的评估方式与阅读技能类似：分数被拟合为平均值为 500、标准差为 100 的正态分布。得分最低的学生具备识别清晰陈述的数学信息，并执行常规数学程序的能力。技能水平最高的学生具备理解、使用和对各种类型的数学信息进行概念化的能力，并能够应用高级数学推理来解决复杂问题（OECD, 2019[9]）。

图 2.6 展示了 15 岁儿童数学技能平均分数的变化趋势。它重点关注 2003 年以来参加所有数学评价的 29 个经合组织成员国家和经济体。根据三年平

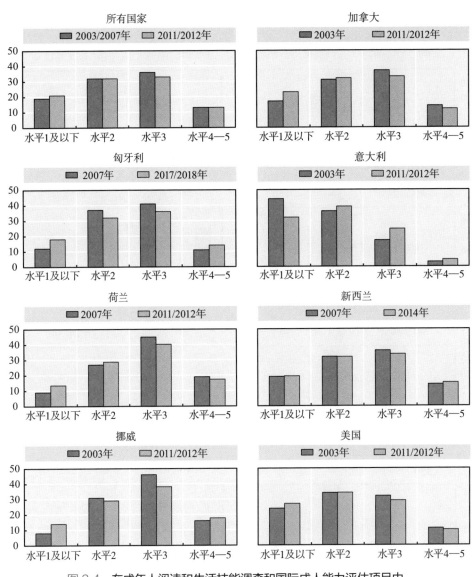

图 2.4　在成年人阅读和生活技能调查和国际成人能力评估项目中，
16—65 岁人群的数学能力水平

来源：US Department of Education, National Center for Education Statistics, Statistics Canada and OECD (2020[11]), *Adult Literacy and Life Skills Survey (ALL) 2003-2008 and PIAAC 2012-2017 Literacy, Numeracy, and Problem Solving TRE Assessments*, https://nces.ed.gov/surveys/piaac/ideuspiaac（访问日期：2022 年 8 月 31 日）.

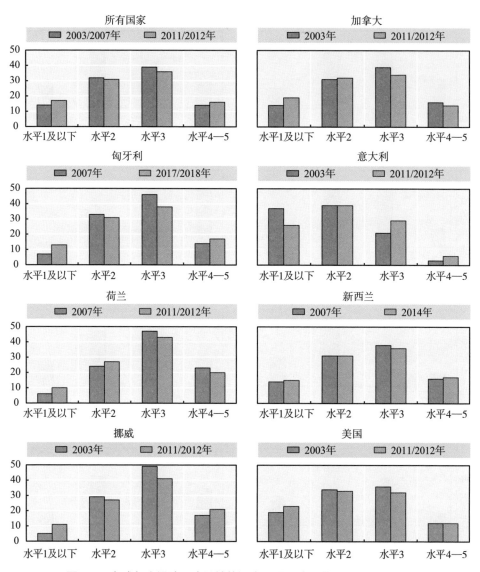

图 2.5　在成年人阅读和生活技能调查和国际成人能力评估项目中，
劳动人口的数学能力水平

来源：US Department of Education, National Center for Education Statistics, Statistics Canada and OECD (2020[11]), *Adult Literacy and Life Skills Survey (ALL) 2003-2008 and PIAAC 2012-2017 Literacy, Numeracy, and Problem Solving TRE Assessments*, https://nces.ed.gov/surveys/piaac/ideuspiaac（访问日期：2022 年 8 月 31 日）.

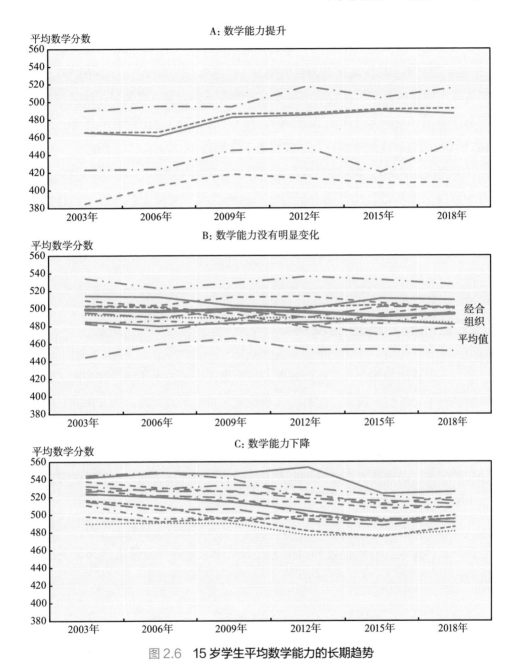

图 2.6 15 岁学生平均数学能力的长期趋势

注：自 2003 年以来参加国际学生评估项目数学评估的 29 个经合组织成员的平均数学分数。根据每三年的平均水平变化，这些成员的表现趋势被分为提升、没有明显变化和下降三个类别。平均水平变化趋势是国际学生评估项目最早测评结果与 2018 年该项目测评结果之间每三年的平均变化，通过线性回归计算得出。A 图显示的是表现趋势显著正向的成员，B 图显示的是表现趋势不显著的成员，C 图显示的是表现趋势显著负向的成员。

来源：OECD (2019), *PISA 2018 Results (Volume I): What Students Know and Can Do*, Table I.B1.11, https://doi.org/10.1787/5f07c754-en.

均得分变化，将其分为平均变化显著为正的国家（A 组）、趋势不显著的国家（B 组）和三年平均变化显著为负的国家（C 组）。图中显示，自 2003 年以来，只有 5 个国家的青少年在数学水平上有所提高（意大利、墨西哥、波兰、葡萄牙和土耳其，见附录 2.A 的表 A2.4）。有 11 个成员的变化趋势不显著，还有 13 个成员的数学技能平均分数呈现逐渐下降的趋势。

总之，无论是成年人还是青少年，计算和阅读技能都没有很大的变化。只有少数国家在基础技能方面有所提升。这种情况可能源于多种因素，包括人口老龄化，以及移民或特定群体的技能水平变化（Paccagnella, 2016[7]）。然而，阅读和数学技能方面的微小或中等变化表明，提升技能供给是政府面临的一项挑战。

人工智能能力的近期发展

与人类技能相比，人工智能的能力发展迅速。过去十年间，许多人工智能领域经历了一波技术进步，包括计算机视觉、自然语言处理、语音识别、图像理解、强化学习、机器人技术等（Littman et al., 2022[12]）。与此伴随的是人工智能在各种情境下的应用激增，如翻译、游戏、医疗诊断、股票交易、自动驾驶和科学。一些观察人士将近年来人工智能的发展和部署称为"深度学习的黄金十年"（Dean, 2022[13]）。

接下来的内容将简要总结与计算机能力在阅读和数学领域演变有关的技术进展。具体来说，我们描述和讨论了在自然语言处理和定量推理领域的最新进展。

自然语言处理的近期发展

自然语言处理是人工智能的一个主要领域。它旨在构建一种计算机能力，使人工智能系统能够处理和解释口语及书面语言，以执行不同的语言学任务。这些任务包括从大量文本数据中提取信息，对文本内容进行正确分类和综合，以及与人类进行交流。

该领域由若干个不同的子领域组成，每个子领域均围绕一项主要任务或挑战。例如，语音识别作为一个子领域，旨在将语音数据可靠地转换为文本；而问答则是针对文本或语音提出的问题，进行自动检索或生成答案。自然语言技术是典型的在狭窄的领域内开发的，并且专注于特定任务。它们的性能是根据特定领域的基准来评价的，这些基准为比较该领域内的不同方法提供了标准。基准是测试数据集，系统要执行其中的一项或一组任务（见专栏 2.1 中的任务示例）。

过去几年间，自然语言处理的发展经历了一次高潮。在许多领域，人工智能系统的性能已经超越了专为测量此类系统而开发的测试（Zhang et al.,2022[1]）。在问答领域，人工智能系统的进步相当迅猛，以至于研究人员在2016 年首次发布斯坦福问答数据集（Stanford Question Answering Dataset,SQuAD）后仅两年就推出了更具挑战性的版本（Rajpurkar et al., 2016[14];Rajpurkar, Jia & Liang, 2018[15]）。仅仅过了一年，人工智能系统在 SQuAD 2.0上的表现就达到了人类水平。[3]同样，在通用语言理解评估（General LanguageUnderstanding Evaluation, GLUE）基准上，人工智能只用了一年就超过了人类的表现，不久后在其后续版本 SuperGLUE 上又超越了人类。[4]这两个基准测试系统都用多个不同的任务来测试人工智能系统的能力，如问答和常识性阅读理解（Wang et al., 2018[16]; Wang et al., 2019[17]）。

人工智能系统在自然语言推理方面的能力也有所提高，即"理解"句子之间的关系，例如，两个句子是否相互矛盾或相互关联。斯坦福自然语言推理（Stanford Natural Language Inference, SNLI）（Bowman et al., 2015[18]）和归纳自然语言推理（Abductive Natural Language Inference, aNLI）（Bhagavatula et al.,2019[19]）等基准都证明了人工智能的进步。人工智能在文本概括、翻译和情感分析方面也取得了相当大的进展（Zhang et al., 2022[1]）。

自然语言处理取得的这一突破，是由大规模预训练语言模型的出现所推动的，如彼得斯等（Peters et al., 2018[20]）研究的语言嵌入模型（Embeddingsfrom Language Models, ELMo）、拉德福德等（Radford et al., 2018[21]）研究的生成式预训练转换模型（Generative Pre-Trained Transformer, GPT）和德夫林等（Devlin et al., 2018[22]）研究的来自转换模型的双向编码器表征量（BidirectionalEncoder Representations from Transformers, BERT）。这些模型用于进一步开发

特定任务和领域的自然语言处理系统。具体来说，这些模型经过了一次训练，训练的目标是在一个大型未标记文本数据的语料库中"学习"一般的语言模式和单词语义。然后，可以对模型进行"微调"以向下适应子任务，这意味着这些模型通过额外的训练能够适应一个目标任务。这种微调或额外的训练通过使用特定领域的训练数据，使通用预训练模型能够学习新领域中常见的词汇、习语和句法结构。

专栏 2.1　来自自然语言处理基准的任务实例

通用语言理解评估数据集（SuperGLUE）（Wang et al., 2019[17]）

　　文本："巴尔克"（Barq's-Barq's）是一种美国碳酸饮料品牌。该品牌的根汁汽水因含有咖啡因而受到热捧。"巴尔克"品牌由爱德华·巴尔克（Edward Barq）创立，自 20 世纪初开始生产瓶装饮料，品牌由巴尔克家族所有，但委托可口可乐公司负责装瓶业务。2012 年以前，它一直被称为"巴尔克"著名老古董根汁汽水（Barq's Famous Olde Tyme Root Beer）。

　　问题：巴尔克根汁汽水是百事可乐的产品吗？

　　答案：否。

斯坦福问答数据集（SQuAD）2.0（Rajpurkar, Jia & Liang, 2018[15]）

　　文本：南加利福尼亚（通常缩写为 SoCal）是一个地理和文化区域，一般包括加利福尼亚州最南端的 10 个县。根据人口统计和经济联系，该地区传统上据称有"八县"：因皮里尔、洛杉矶、奥兰治、里弗塞德、圣贝纳迪诺、圣迭戈、圣巴巴拉和文图拉。从更广泛的范围来看，该地区包含 10 个县，增加了克恩和圣路易斯 - 奥比斯波，其依据是历史上的政治区划。南加利福尼亚是加利福尼亚州以及美国的一个主要经济中心。

　　问题：南加利福尼亚对加利福尼亚州和美国的重要性在于什么？

　　答案：经济中心。

斯坦福自然语言推理（SNLI）语料库（Bowman et al., 2015[18]）

文本：在某个东亚国家，一名男子检查一个人的制服。

假设：该男子正在睡觉。

答案：矛盾。

因果推断数据集（Choice of Plausible Alternatives, COPA）（Roemmele, Adrian Bejan & S. Gordon, 2011[23]）

前提：这名男子摔断了脚趾。其原因是什么？

推断 1：他的袜子上破了一个洞。

推断 2：一把锤子掉在了他的脚上。

答案：推断 2。

教师完形填空测试（The Cloze Test by Teachers, CLOTH）基准（Xie et al., 2017[24]）

文本：南希刚刚在一家公司找到了一份秘书工作。星期一是她上班的第一天，所以她非常……，早早就到达公司。

问题：A. 沮丧 B. 鼓舞 C. 兴奋 D. 惊讶

答案：C。

这些大模型的引入，极大地推动了自然语言处理技术水平的提升。当语言嵌入模型在 2018 年首次被引入时，它推动了系统在问答、文字蕴涵和情感分析等领域的各种任务上的表现（Storks, Gao & Chai, 2019[25]）。生成式预训练转换模型的发布把人工智能在 12 项基准上的表现向前推进了一步，包括通用语言理解评估基准、斯坦福自然语言推理和因果推断数据集（Roemmele, Adrian Bejan & S. Gordon, 2011[23]）。其后来的更新版本 GPT-2 和 GPT-3 进一步改进了许多语言建模任务的核心结果。同样，来自转换模型的双向编码器表征量在首次发布时，其表现就在多个基准性能排名中名列前茅，包括通用语言理解评估基准、斯坦福问答数据集、因果推断数据集、基于常识推理的对抗性生成情景数据集（Situations With Adversarial Generation, SWAG）（Zellers et al., 2018[26]）和教师完形填空测试基准（Xie et al., 2017[24]），后者是一套来自初中和高中英语水平考试的题目集。

值得注意的是，这些模型在没有大量额外训练的情况下，在新的任务上表现良好。以 GPT-3 为例，在没有任何后续微调的情况下，它在许多语言任务上都有出色表现。事实上，它在许多情况下超越了为特定任务设计的最先进系统（Brown et al., 2020[27]）。当一项新任务仅演示一遍，或者只接受很少的示例（通常是 10—100 个）时，该模型的表现甚至更好。

预训练语言模型的另一个显著特点是可以执行多种类型的任务，即使没有接受过针对这些任务的特定训练。在以上示例中，没有经过微调的 GPT-3 在翻译、问答、阅读理解、推理或三位数计算等不同任务上均表现良好。语言模型的这些特点为开发更通用的人工智能系统打通了进路，这些系统无须进行大量的额外训练，即可适应新的情境，解决不同领域的问题。

预训练语言模型的成功主要是由于使用了自监督学习。通过这种方式，可以基于前所未有的大量训练数据来训练模型。在自监督学习中，神经网络模型用被遮掩了部分内容的文本进行训练。该模型的任务是根据隐藏的单词所处的语境，对其进行预测。通过这种方式，该模型"学习"了语法规则和语义。这种方法不需要人类将训练实例标记为正确或错误，因此可以使用更多的训练数据。此外，只需进行一次训练，这大大降低了开发系统的成本和时间。研究人员只需下载一个通用的预训练语言模型，并在少量特定领域的数据上对其进行微调，使其完成特定任务。

转换模型（Transformer）结构是最先进且广泛使用的自监督方法之一。来自转换模型的双向编码器表征量和生成式预训练转换模型都是在转换模型上进行预训练。它的关键特征在于"自我注意"机制，能够捕捉单词之间的长距离依赖关系（例如，在一个句子中相距甚远的单词）（Littman et al., 2022[12]）。此外，转换模型及类似结构允许在语境中学习单词的含义。例如，英语中的"rose"一词在"Roses are red."（玫瑰是红色的）和"The sun rose."（太阳升起）这两个句子中具有不同的含义。这相比早期的 word2vec（Mikolov et al., 2013[28]）等预训练词嵌入模型有很大的优势。在上述早期的模型中，单词用相同的向量表示，与使用它们的语境无关。

虽然这些新方法极大地推动了自然语言处理领域的发展，但要开发能够像人类一样处理语言的人工智能系统，还有很长的路要走。原因在于，自然语言处理系统仍然缺乏对语音和文本的深入理解。这限制了它们执行更复杂的语言任务的能力，而这些任务需要常识性知识和复杂推理能力。

人工智能在数学推理领域的近期发展

数学推理自动化的研究已有很长的历史，取得了重要的成就。其中包括开发了一些可以进行数值和符号运算的工具，如 Maple、Mathematica 和 Matlab。研究人员在自动化定理证明方面也进行了诸多探索，取得了重大成就，如证明四色定理等（Appel & Haken, 1977[29]）。本节仅关注与国际成人能力评估项目的数学推理能力测试可比较的数学基准。

从人工智能研究的角度来看，数学问题大致可以分为以下几类（Davis, 2023[30]）：

- 符号问题：用数学符号表述的问题，很少使用自然语言。例如，"求解 $x^3 - 6x^2 + 11x - 6 = 0$"。
  - 文字问题：用（较少的）自然语言表述的问题，可能与符号相结合。
    - 纯数学文字问题：很少涉及非数学概念的问题。例如，"找到一个素数 p，使 $p + 36$ 成为一个平方数"。
    - 现实世界的文字问题：需要使用非数学知识解决的问题。
    - 常识性文字问题：涉及大量使用常识性知识和众所周知的问题，但不涉及百科全书或专业知识。初级常识性文字问题只需要初级数学知识（Davis, 2023[30]）。

自 20 世纪 60 年代以来，研究人员一直在尝试开发解决数学文字问题的系统（Davis, 2023[30]）。然而，过去二十年间，机器学习技术的主导地位也影响了数学推理领域的人工智能研究。因此，最近的许多工作旨在将预训练的大规模语言模型推广到数学问题和自然语言的定量方面（Lewkowycz et al., 2022[31];

Saxton et al., 2019[32]）。本节在简要概述其他人工智能相关研究的同时，侧重于最近开展的一些研究，包括一些重要的基准和深度学习 / 机器学习系统在这些基准上的表现（见专栏 2.2）。

与语言建模或视觉领域相比，数学推理在人工智能研究中受到的关注较少，因为它的适用性和商业用途相对较低。然而，一些人工智能专家认为，数学推理对人工智能构成了有趣的挑战（Saxton et al., 2019[32]）。它需要学习、规划、推断，以及利用定律、公理和数学规则等。这些能力可以实现更强大、更高智的系统，从而解决更复杂的现实世界问题。

数学通常被认为是人工智能的难点（Choi, 2021[33]）。2019 年，谷歌旗下专攻人工智能的公司 DeepMind Technologies 的研究人员测试了最先进的自然语言处理模型在数学领域的表现（Saxton et al., 2019[32]）。为此，他们开发了一个测试数据集，其中包括代数、计算、微积分、比较和测量等领域的问题。此外，他们还使用面向英国 16 岁学生的公开数学考试对人工智能系统进行了评估。该研究中表现最好的转换模型在测试数据集上取得了中等成绩。不过，它并没有通过中学的数学考试，只正确回答了 40 个问题中的 14 个（O'Neill, 2019[34]）。

为了促进该领域的研究，加利福尼亚大学伯克利分校的研究人员在 2021 年引入了 MATH，这是一个包含 12500 个具有挑战性的数学问题的测试数据集（Hendrycks et al., 2021[35]）。这些问题采用文本格式，涵盖了不同的数学领域。他们发布的大语言模型在数学内容上进行了预训练，还用到了 MATH 中的例子，但刚发布的模型在这个基准上取得了较差的结果，准确率为 3%—6.9%。然而，MATH 对人类来说同样构成挑战。一位摘得三届国际数学奥林匹克竞赛金牌的选手在测试中答对了 90% 的题目，而一位计算机科学的博士生仅答对了 40% 的题目。

专栏 2.2　数学推理基准中的任务实例

MATH 数据集（Hendrycks et al., 2021[35]）

问题：汤姆有一个红色弹珠、一个绿色弹珠、一个蓝色弹珠和三个相同的黄色弹珠。如果从中选择两个弹珠，汤姆有多少组不同选择？

解：有两种情况：要么汤姆选择两个黄色弹珠（1 种结果），要么选择两个不同颜色的弹珠 $\left(\binom{4}{2}=6\ 种结果\right)$。汤姆可以选择的不同的弹珠对的总数是 $1+6=7$。

GSM8K（Cobbe et al., 2021[36]）

问题：贝丝在一周内烤了 4 批饼干，每批 2 打。如果将这些饼干平均分给 16 个人，那么每个人可以分到多少块饼干？

解：贝丝在一周内烤了 4 批饼干，每批 2 打，那么总共有 $4 \times 2 = 8$ 打饼干。一打饼干有 12 块，8 打饼干共有 $12 \times 8 = 96$ 块。她把这 96 块饼干分给 16 个人，所以每人可以分到 $96 \div 16 = 6$ 块饼干。

Saxton et al.（2019[32]）

问题：求解 $-42 \times r + 27 \times c = -1167$ 和 $130 \times r + 4 \times c = 372$ 中 r 的值。

答案：4。

MathQA（Amini et al., 2019[37]）

问题：一列以 48 千米 / 时的速度行驶的火车在 9 秒内通过了一根电线杆。这列火车的长度是多少米？ A.140 B.130 C.120 D.170 E.160

答案：C。

NumGLUE（Mishra et al., 2022[38]）

问题：一个人每只手可以提起一个箱子。5 个人一组，一共可以提多少个箱子？

答案：10 个。

无独有偶，在 2021 年，来自著名的人工智能研究实验室 OpenAI 的研究人员发布了 GSM8K，这是一个采用文本形式，包含 8500 个不同的小学水平数学问题的数据集（Cobbe et al., 2021[36]）。这些问题需要通过一系列简单的数学运算来解决。它们的难度大多低于 MATH 测试题。例如，一个成绩良好的中学生或许能够正确解答所有问题。然而，在该测试发布时，与之相竞争的人工智能方法仅取得了低等到中等的成绩。

从一些发展成果可以看出大语言模型在数学推理领域的应用。2022 年，谷歌推出了 Minerva，这是一个在通用自然语言数据上进行预训练的大语言模型，并在技术内容上进行了进一步微调（Lewkowycz et al., 2022[31]）。目前，该模型在 MATH 基准测试中名列前茅（截至 2023 年 2 月 21 日）。[5] 此外，Minerva 在工程、化学、物理、生物和计算机科学领域的问题上也取得了良好成绩，这些问题源自大规模多任务语言理解数据集（Hendrycks et al., 2021[35]）。该模型还在波兰的全国数学考试中取得了 57% 的正确率，相当于 2021 年人类的平均成绩。

同年，由 Open AI 开发的系统 Codex（Chen et al., 2021[39]）在 MATH 数据集的子集（Hendrycks et al., 2021[35]）以及大学水平数学课程的问题（Drori et al., 2021[40]）上取得了高准确度的成绩。该模型是一个在文本上预训练的神经网络，并在公开可用的代码上进行了微调。虽然该系统的成就得到了业界的认可，但其自称的高水平表现受到了诸多质疑（Davis, 2022[41]）。质疑的依据包括：解决问题的不是神经网络，而是系统所调用的数学工具（一个 Python 代数包），而且该系统可能基于测试语料库中记录的正确答案来执行任务。此外，Minerva 和 Codex 作为语言模型都仅限于文本输入，无法处理图表和图形，而这些通常是数学问题的基本要素。

在 2022 年，LILA 集合汇集了几个数据集，该集合结合了 23 项现有基准，涵盖了各种语言复杂性和数学难度（Mishra et al., 2022[42]）。诸如 Codex、GPT-3、Neo-P 和 Bashkara 等系统在 LILA 的不同数学领域取得了不同的成就（Davis, 2023[30]）。

尽管取得了一些成功，但人工智能要掌握解决数学问题的技能，还有很远的路要走。例如，MATH 或 LILA 数据集上的最高水准仍然远远低于基准的上限。GSM8K 的表现也有改进空间。迄今为止，还没有哪个人工智能系统能够可靠地解决基本的常识性文字问题（Davis, 2023[30]）。此外，该领域的重要基准主要聚焦于以文字表述的定量问题，即"数学文字问题"，而没有涉及其他数学任务。尤其是包含图表和图形等视觉内容的数学任务受到的关注较少。

测评人工智能能力的重要性

本章的分析表明,随着时间的推移,核心领域的人工智能能力比人类技能发展得更快。过去二十年间,只有少数几个国家的成年人、成年劳动者和青少年的阅读和数学技能有所提高。这凸显出一个事实,即对于政策制定者和教育者来说,提高一个经济体的技能供给并不是一项轻而易举的任务。与此同时,人工智能技术发展迅速,能力出众,并且还在不断获得新的能力。在过去的五年里,自然语言处理取得了巨大突破,因此提高了人工智能的阅读能力。在数学领域,虽然技术进步的步伐较小,但也正在进行中。

这些发展对政策和教育提出了一些重要问题:

- 随着人工智能不断获得新能力,人类在工作中所需的技能是否会大范围地被人工智能超越?
- 要在一些工作相关能力上超越人工智能和机器人,大多数人类需要怎样的教育和培训?
- 人类的哪些能力是人工智能和机器人在未来几十年里难以复制的?

虽然本章重点讨论技能的供给,但以往的许多研究都关注了技术变革如何影响对人类技能的需求。通常来说,技术变革侧重于某些任务,也就是说机器可以在某些任务中更好地替代劳动者,而在另一些任务中并不具备这种优势(Autor, Levy & Murnane, 2003[43]; Frey & Osborne, 2017[44])。这将导致可自动化任务对劳动者的需求减少。同时,在工作场所部署和监控机器设备的任务会增加对劳动者的需求。许多研究试图了解哪些任务可以通过机器实现自动化(见第 1 章)。这将具有重要意义。

- 哪些职业的自动化风险高?

● 人工智能会更大程度地影响对低技能还是高技能劳动者的需求？会更大地影响对年轻还是年长劳动者的需求？会更大地影响对受教育程度高还是受教育程度低的劳动者的需求？

● 新的人工智能能力会如何改变人类的总体受教育程度或工作所需的能力类型？

通过对人工智能和机器人能力进行系统评估，可以将其与人类技能进行对比，从而找到上述问题的答案。接下来的研究将展示如何使用标准化的技能评估和专家知识，帮助研究人员追踪研究人工智能在人类技能核心领域的能力。

参考文献

Amini, A. et al. (2019), "MathQA: Towards Interpretable Math Word Problem Solving with Operation-Based Formalisms".   [37]

Appel, K. and W. Haken (1977), "The Solution of the Four-Color-Map Problem.", *Scientific American*, Vol. 237/4, pp. 108-121, http://www.jstor.org/stable/24953967.   [29]

Autor, D., F. Levy and R. Murnane (2003), "The Skill Content of Recent Technological Change:An Empirical Exploration", *The Quarterly Journal of Economics*, Vol. 118/4, pp. 1279-1333, https://doi.org/10.1162/ 003355303322552801.   [43]

Bhagavatula, C. et al. (2019), "Abductive Commonsense Reasoning".   [19]

Bowman, S. et al. (2015), "A large annotated corpus for learning natural language inference".   [18]

Brown, T. et al. (2020), "Language Models are Few-Shot Learners".   [27]

Chen, M. et al. (2021), "Evaluating Large Language Models Trained on Code".   [39]

Choi, C. (2021), *7 revealing ways AIs fail. Neural networks can be disastrously brittle, forgetful,and surprisingly bad at math*, IEEE Spectrum for the Technology Insider, https://spectrum.ieee.org/ai-failures (accessed on 1 February 2023).　　　[33]

Cobbe, K. et al. (2021), "Training Verifiers to Solve Math Word Problems".　　[36]

Davis, E. (2023), *Mathematics, word problems, common sense, and artificial intelligence*, https://arxiv.org/pdf/2301.09723.pdf (accessed on 28 February 2023).　　　[30]

Davis, E. (2022), *Limits of an AI program for solving college math problems*, https://arxiv.org/pdf/2208.06906.pdf (accessed on 5 February 2023).　　　[41]

Dean, J. (2022), "A Golden Decade of Deep Learning: Computing Systems & amp; Applications",*Daedalus*, Vol. 151/2, pp. 58-74, https://doi.org/10.1162/daed_a_01900.　　　[13]

Devlin, J. et al. (2018), "BERT: Pre-training of Deep Bidirectional Transformers for Language Understanding".　　　[22]

Drori, I. et al. (2021), "A Neural Network Solves, Explains, and Generates University Math Problems by Program Synthesis and Few-Shot Learning at Human Level", https://doi.org/10.1073/pnas.2123433119.　　　[40]

Elliott, S. (2017), *Computers and the Future of Skill Demand*, Educational Research and Innovation, OECD Publishing, Paris, https://doi.org/10.1787/9789264284395-en.　　[6]

Frey, C. and M. Osborne (2017), "The future of employment: How susceptible are jobs to computerisation?", *Technological Forecasting and Social Change*, Vol. 114, pp. 254-280, https://doi.org/10.1016/j.techfore.2016.08.019.　　　[44]

Hendrycks, D. et al. (2021), "Measuring Mathematical Problem Solving With the MATH Dataset".　　　[35]

Lewkowycz, A. et al. (2022), "Solving Quantitative Reasoning Problems with Language Models".　　　[31]

Littman, M. et al. (2022), "Gathering Strength, Gathering Storms: The One Hundred Year Study on Artificial Intelligence (AI100) 2021 Study Panel Report".　　[12]

Mikolov, T. et al. (2013), "Efficient Estimation of Word Representations in Vector Space".　　　[28]

Mishra, S. et al. (2022), "Lila: A Unified Benchmark for Mathematical Reasoning".　[42]

Mishra, S. et al. (2022), "NumGLUE: A Suite of Fundamental yet Challenging Mathematical Reasoning Tasks".   [38]

OECD (2023), *Adult education level* (indicator), https://doi.org/10.1787/ 36bce3fe-en (accessed on 1 February 2023).   [2]

OECD (2019), *PISA 2018 Assessment and Analytical Framework*, PISA, OECD Publishing, Paris, https://doi.org/10.1787/b25efab8-en.   [9]

OECD (2019), *PISA 2018 Results (Volume I): What Students Know and Can Do*, PISA, OECD Publishing, Paris, https://doi.org/10.1787/5f07c754-en.   [8]

OECD (2016), *The Survey of Adult Skills: Reader's Companion, Second Edition*, OECD Skills Studies, OECD Publishing, Paris, https://doi.org/10.1787/ 9789264258075-en. [4]

OECD (2013), *Technical Report of the Survey of Adult Skills (PIAAC)*, https://www. oecd.org/skills/piaac/_Technical%20Report_17OCT13.pdf (accessed on 1 February 2023).   [5]

OECD (2013), *The Survey of Adult Skills: Reader's Companion*, OECD Publishing, Paris, https://doi.org/10.1787/9789264204027-en.   [10]

OECD (2012), *Better Skills, Better Jobs, Better Lives: A Strategic Approach to Skills Policies*, OECD Publishing, Paris, https://doi.org/10.1787/9789264177338-en.   [3]

O'Neill, S. (2019), "Mathematical Reasoning Challenges Artificial Intelligence", *Engineering*, Vol. 5/5, pp. 817-818, https://doi.org/10.1016/j.eng.2019.08.009.   [34]

Paccagnella, M. (2016), "Literacy and Numeracy Proficiency in IALS, ALL and PIAAC", *OECD Education Working Papers*, No. 142, OECD Publishing, Paris, https://doi.org/10.1787/5jlpq7qglx5g-en.   [7]

Peters, M. et al. (2018), "Deep contextualized word representations".   [20]

Radford, A. et al. (2018), *Improving Language Understanding by Generative Pre-Training*, https://s3-us-west-2.amazonaws.com/openai-assets/research-covers/languageunsupervised/language_understanding_paper.pdf (accessed on 1 February 2023).   [21]

Rajpurkar, P., R. Jia and P. Liang (2018), "Know What You Don't Know: Unanswerable Questions for SQuAD".   [15]

Rajpurkar, P. et al. (2016), "SQuAD: 100,000+ Questions for Machine Comprehension of Text". [14]

Roemmele, M., C. Adrian Bejan and A. S. Gordon (2011), *Choice of Plausible Alternatives: An Evaluation of Commonsense Causal Reasoning*, http://commonsen-sereasoning. org/2011/papers/Roemmele.pdf (accessed on 1 February 2023). [23]

Saxton, D. et al. (2019), "Analysing Mathematical Reasoning Abilities of Neural Models". [32]

SQuAD2.0 (2023), *The Stanford Question Answering Dataset. Leaderboard*, https:// rajpurkar.github.io/SQuAD-explorer/ (accessed on 21 January 2023). [45]

Storks, S., Q. Gao and J. Chai (2019), "Recent Advances in Natural Language Inference: A Survey of Benchmarks, Resources, and Approaches". [25]

US Department of Education, National Center for Education Statistics, Statistics Canada and OECD (2020), *Program for the International Assessment of Adult Competencies (PIAAC),Adult Literacy and Life Skills Survey (ALL) 2003-2008 and PIAAC 2012-2017 Literacy,Numeracy, and Problem Solving TRE Assessments*, https://nces.ed.gov/surveys/piaac/ideuspiaac (accessed on 31 August 2022). [11]

Wang, A. et al. (2019), "SuperGLUE: A Stickier Benchmark for General-Purpose Language Understanding Systems". [17]

Wang, A. et al. (2018), "GLUE: A Multi-Task Benchmark and Analysis Platform for Natural Language Understanding". [16]

Xie, Q. et al. (2017), "Large-scale Cloze Test Dataset Created by Teachers". [24]

Zellers, R. et al. (2018), "SWAG: A Large-Scale Adversarial Dataset for Grounded Commonsense Inference". [26]

Zhang, D. et al. (2022), "The AI Index 2022 Annual Report", https://aiindex.stanford. edu/wpcontent/uploads/2022/03/2022-AI-Index-Report_Master.pdf (accessed on 20 February 2023). [1]

附录 2.A　补充表格

附录表 2.A.1　**第 2 章的在线表格列表（https://stat.link/cl96uw）**

表格编号	表题
表 A2.1	根据国际成人能力评估项目和国际成年人扫盲调查，成年人口的阅读能力分布情况
表 A2.2	根据国际成人能力评估项目和国际成年人扫盲调查，劳动人口的阅读能力分布情况
表 A2.3	2000 年以来国际学生评估项目的平均阅读分数以及阅读水平的三年平均趋势（按国家和经济体分列）
表 A2.4	2003 年以来国际学生评估项目的平均数学分数以及数学水平的三年平均趋势（按国家和经济体分列）

注释

1 同时参加国际成人能力评估项目和国际成年人扫盲调查的国家或经济体包括澳大利亚、加拿大、智利、捷克、丹麦、英格兰（英国）、芬兰、比利时荷兰语区、德国、爱尔兰、意大利、荷兰、新西兰、北爱尔兰（英国）、挪威、波兰、斯洛文尼亚、瑞典和美国。

2 同时参加国际成人能力评估项目和成年人阅读和生活技能调查的国家包括加拿大、匈牙利、意大利、荷兰、新西兰、挪威和美国。

3 SQuAD 2.0 的排名见 https://rajpurkar.github.io/SQuAD-explorer/（访问日期：2023 年 1 月 21 日）。

4 SuperGLUE 的排名见 https://super.gluebenchmark.com/leaderboard（访问日期：2023 年 1 月 21 日）。

5 人工智能系统在数学领域的表现排名见 www.paperswithcode.com/sota/math-word-problem-solving-on-math（访问日期：2023 年 2 月 21 日）。

3

采用成人技能调查评估
人工智能能力的方法

本章介绍了利用国际成人能力评估项目的成人技能调查评估计算机解决问题能力的方法。首先，概述了国际成人能力评估项目的测试、它所测评的技能，以及测评这些技能所使用的测试问题。然后，介绍了评估方法，包括如何选择专家、搜集专家判断、制定问卷，以及构建测评人工智能在阅读和数学领域能力的综合指标。重点关注在试点研究中使用的评估方法做了哪些改进。最后，总结了研究中遇到的方法难题，以及研究人员为解决这些难题所进行的一些尝试。

2016 年，应经合组织要求，一组计算机科学家针对国际成人能力评估项目的成人技能调查中所测评的核心技能，评估了计算机在这些方面的能力（Elliott, 2017[1]）。其目的是提供一种方法，以预测技术的潜在变化将如何影响这些技能在工作和日常生活中的应用。本研究作为延续性的研究，探索了自上次评估以来，人工智能在阅读理解和数学推理方面的能力演进。本研究探索了搜集有关人工智能能力的专家判断的新方法，以解决一些方法上的难题并完善现有量规。

本章介绍了评估人工智能能力的方法，以及本研究过程中做出的方法上的改进。本章首先概述国际成人能力评估项目；其次简述了遴选专家、搜集专家判断、获得针对这些判断的定性反馈，以及对人工智能的能力生成综合评分的技术方法；最后一节讨论了研究中所面临的挑战，以及研究人员为应对这些挑战所采取的行动。

成人技能调查概述

成人技能调查考察了 16—65 岁成年人在阅读理解、数学推理和使用计算机解决问题方面的能力。这些技能被认为是"关键的信息处理能力"，因为它们是成人充分融入工作、教育和社会生活所必需的，并且与许多社会环境和工作情境相关（OECD, 2013[2]）。此外，该调查还收集了有关应答者背景和环境的丰富信息，包括参与阅读和数学相关活动、在工作和日常生活中使用信息与通信技术、与他人合作，以及自己的时间管理。

本研究重点关注国际成人能力评估项目的阅读理解和数学推理能力评估。阅读理解和数学推理能力是个人发展高阶认知技能的基础，如分析推理技能。在信息丰富的社会中，这些技能对于理解特定领域的知识至关重要。此外，他们也需要获取与日常生活相关的信息，如阅读医疗处方或处理财务和预算（OECD, 2012[3]）。以下提供了更多关于评估这些技能的方法的信息，描述了测试问题的形式，以及所涉及的语境和认知策略。

国际成人能力评估项目每十年进行一次。第一次评估于 2011 年至 2018 年进行。第二次评估的首轮结果预计将于 2024 年公布。第一次评估分三轮进行，共收集了来自 39 个国家和经济体的数据。第一轮于 2011 年至 2012 年调查了来自 24 个国家和地区的约 16.6 万名成年人。这些国家和地区包括澳大利亚、奥地利、比利时荷兰语区、加拿大、塞浦路斯、捷克共和国、丹麦、爱沙尼亚、芬兰、法国、德国、爱尔兰、意大利、日本、韩国、荷兰、挪威、波兰、斯洛伐克共和国、西班牙、瑞典、英国（英格兰和北爱尔兰）和美国。第二轮于 2014 年至 2015 年进行，覆盖了智利、希腊、印度尼西亚、以色列、立陶宛、新西兰、新加坡、斯洛文尼亚和土耳其。第三轮于 2017 年进行，涉及厄瓜多尔、匈牙利、哈萨克斯坦、墨西哥、秘鲁和美国。第一次评估总计大约有25 万名成年人接受了调查，各个国家和地区的样本量从约 4000 份到近 27300 份不等（OECD, 2019[4]）。

在对评估结果进行评分的过程中，根据成功完成任务的应答者比例，评定每项任务的难度分数。这三个领域各占 500 分。根据应答者回答正确的问题数量和问题难度，按照同样的 500 分制对其进行评分。在每个得分点上，能力得分达到相应特定分值的个人有 67% 的机会成功完成该得分点的测试项目。他还能以较低的成功概率完成较难的题目，以较高的成功概率完成较易的题目（OECD, 2013[5]）。

为了便于解释测评的结果，每个领域的得分报告被划分为几个能力水平。阅读理解和数学推理领域划分了 6 个能力水平（水平 1—5，以及水平 1 以下）。除了最低水平（水平 1 以下）的任务外，对于某一特定水平的任务，如果一位应答者的能力评分处于该水平范围的中间，那么他大约有 67% 的机会可以成功完成该任务。也就是说，如果应答者的得分处于水平 2 得分范围的中间，当其参加水平 2 题目的测试时，会得到接近 67% 的分数（OECD, 2013[5]）。

对于关注劳动力技能发展或教育系统效能等问题的政策制定者和研究者来说，关于人口的能力水平及分布的信息是非常有用的。此外，从国际成人能力评估项目得出的数据有助于了解关键技能与经济和社会回报之间的关系，以及与技能的获得、保持和丧失有关的因素。

成人技能调查中的阅读理解能力评估

国际成人能力评估项目的阅读理解能力测试旨在测评成年人在现实生活中理解、评价、使用书面文本以及从事书面文本相关工作的能力。这些任务采用成年人通常会在工作和个人生活中遇到的文本。例如，招聘启事、网页、报纸文章和电子邮件。这些文本以不同形式呈现，如印刷文本、数字文本、连续文本、句子组成的段落，或出现在图表、列表或地图中的非连续文本。测试题目也可以包含多个相互独立但出于一个特定目的而相互关联的文本（OECD,2012[3]; OECD, 2013[5]）。

阅读理解能力测试要求读者使用三种宽泛的认知策略对文本做出反应：

● 获取与识别：任务要求读者在文本中找到信息项。有些任务相对容易，因为文本中直接、明确地提供了所需的信息。然而，有些任务可能需要读者推理并对修辞手法加以理解（例如，找出当地政府推行某项政策的原因）。

● 整合与解释：任务可能要求读者理解文本不同部分之间的关系，如问题与解决方案的关系或原因与效果的关系。这些关系在文本中可能已经明确表述（例如，文本指出"X 的原因是 Y"），也可能要求读者自行推断。

● 评价与反思：任务可能要求读者利用文本以外的知识或思想，如评价文本的相关性、可信度或论证。

阅读任务包含 6 个难度等级（OECD, 2012[3]; OECD, 2013[5]）。简单任务（水平 1 以下和水平 1）要求具备识别基本词汇和阅读短文的知识和技能。这些任务通常要求应答者在简短的文本中找到某条信息。中级任务（水平 2 和水平 3）更加注重理解文本和修辞结构，特别是浏览复杂的数字文本。文本通常内容密集或是长篇。它们可能要求应答者理解大篇幅文本的意义，或进行多步骤操作以识别和组织答案。困难任务（水平 4 和水平 5）需要应用复杂的推理和背景知识。这些文本的内容既复杂又长，而且经常包含干扰信息，分散读者对正确信息的关注。许多任务要求解释微妙的、基于证据的主张，或说服性的话语关系。

专栏 3.1　阅读题示例

图 3.1 是一个难度为水平 3 的阅读题示例。这是一份印刷材料（而非模拟网站等数字版本的内容）。它要求应答者获取并识别文本中的正确信息。

	幼儿园守则
第 1 单元—问题 1/3 请查看幼儿园守则。突出标记列表中的相关信息，回答下列问题。 孩子们最晚应在什么时间到达幼儿园？	欢迎来到我们的幼儿园！我们期待能与孩子们度过充满乐趣、增长知识、相互了解的美好一年。请花些时间回顾一下我们的幼儿园守则。 • 请在上午 9: 00 之前将您的孩子送到这里。 • 请带上一条小毯子或枕头，和 / 或一只柔软的小玩具，以便午睡时使用。 • 请给您的孩子穿上舒适的衣物，并带一套换洗衣物。 • 请不要带珠宝或糖果。在孩子生日前夕，请与孩子的老师商讨，为孩子准备特别的点心。 • 孩子入园时需穿戴整齐，不要穿睡衣。 • 签到时请签上您的全名，这是一项授权规定，感谢您的配合。 • 早餐供应截至上午 7: 30。 • 携带入园的药品必须装在贴有标签的药品原包装中，且家长必须在各自教室的药品单上签字。 • 如您有任何问题，请与您的班主任、马琳女士或特里女士沟通。

图 3.1　阅读样题

来源：OECD (2012[3]), *Literacy, Numeracy and Problem Solving in Technology-Rich Environments: Framework for the OECD Survey of Adult Skills*, http://dx.doi.org/10.1787/9789264128859-en.

成人技能调查中的数学推理能力评估

国际成人能力评估项目的数学推理能力测试旨在测评获取、使用、解释和交流数学信息和思想的能力，以满足日常生活中的数学需求（OECD, 2012[3]; OECD, 2013[5]）。这些任务模拟工作和个人生活中的真实情况，如管理预算和项目资源，以及解释媒体上呈现的定量信息。数学信息可以用多种方式呈现，包括图像、符号标记、公式、图表、图形、表格和地图。数学信息还可以用文本形式进一步表达（如"犯罪率上升了一半"）。

完成任务需要采用不同的认知策略：

● 识别、定位或获取任务中存在的与目的或目标相关的数学信息。

● 使用数学知识，即应用已知的方法、规则或信息，如计数、排序、分类、估计，使用各种测量设备或使用（或开发）公式。

● 解释数学信息的含义和意义，例如图表或文本中描述的趋势、变化或差异。

● 根据一些标准或背景要求，评价 / 分析解决方案的质量（例如，与其他备择的行动方案的成本信息进行对比）。

专栏 3.2 数学题示例

图 3.2 是一个难度为水平 3 的数学样题。它涉及"解释"和"评价"的认知策略。要求应答者点击屏幕左侧窗格中提供的一个或多个时间段。

请查看关于出生人数的图表。点击选项以回答以下问题。	下图显示的是美国 1957 年至 2007 年的出生人口数。图中显示的是每隔十年的数据。
出生人数在哪个时期出现了下降？请选择所有合适的项。	
□ 1957—1967 年 □ 1967—1977 年 □ 1977—1987 年 □ 1987—1997 年 □ 1997—2007 年	

图 3.2 **数学样题**

来源：OECD (2012[3]), *Literacy, Numeracy and Problem Solving in Technology-Rich Environments: Framework for the OECD Survey of Adult Skills*, http://dx.doi.org/10.1787/9789264128859-en.

任务包含 6 个难度等级（OECD, 2013[5]）。简单任务（水平 1 以下和水平 1）要求应答者执行简单的单步过程。例如，计算、理解简单的百分比，或识别常见的图示。其中的数学内容很容易找到。中等难度任务（水平 2 和水平 3）需要应用两个或多个步骤、过程。其中可能涉及小数、百分比和分数的计算，或对文本、表格和图表中的数据和统计资料进行解释和基本分析。其中的数学信息不太明确，可能包含干扰因素。困难任务（水平 4 和水平 5）要求理解和整合多种类型的数学信息，如统计和概率、空间关系和变化。其中的数学信息以复杂且抽象的形式呈现，或嵌入较长文本中。

组建计算机科学家团队

试点研究由 11 位计算机科学家利用各自的专业知识合作开展。他们所从事的领域都是该评估所涉及的关键领域，包括自然语言处理、推理、常识性知识、计算机视觉、机器学习和集成系统（见表 3.1; Elliott, 2017[1]）。组建这支专家团队，也得益于研究人工智能的经济影响的社会科学家或其他计算机科学家的推荐。这支计算机专家团队中有 6 人也参加了 2021 年的追踪研究。此外，追踪研究又另外招募了 5 位专家，新专家的选定主要依据原专家团队的建议。

2021 年，这 11 位专家给出的评估结果显示，针对人工智能数学推理能力的评价，专家之间存在很大分歧（见下文）。因此，本研究又另外邀请了 4 位重点研究人工智能数学推理的专家。他们只对国际成人能力评估项目的数学推理能力测试进行重新评估。选定这些专家的主要依据是他们的成果发表记录和他们参与该领域相关会议的情况。

表 3.1　参加计算机能力追踪评估的计算机科学家

计算机科学家	专业特长
钱德拉·巴加瓦图拉（Chandra Bhagavatula），艾伦人工智能研究所（Allen Institute for AI, AI2）高级研究科学家	常识推理、自然语言生成，以及常识与视觉的交集

续表

计算机科学家	专业特长
安东尼·G. 科恩（Anthony G. Cohn），利兹大学计算机学院自动推理教授	人工智能、知识表征与推理、数据与传感器融合、认知视觉、空间表征与推理、地理信息科学，以及机器人技术
普拉迪普·达西吉*（Pradeep Dasigi），艾伦人工智能研究所研究科学家	自然语言理解、问题解答、阅读理解，以及可执行语义解析
欧内斯特·戴维斯（Ernest Davis），纽约大学柯朗数学科学研究所（Courant Institute）计算机科学教授	常识知识的表征
肯尼思·D. 福伯斯（Kenneth D. Forbus），西北大学计算机科学沃尔特·P. 墨菲教席教授（Walter P. Murphy Professor）和教育学教授	定性推理、类比推理与学习、空间推理、草图理解、自然语言理解、认知架构、推理系统设计、智能教育软件，以及人工智能在互动娱乐中的应用
阿瑟·C. 格雷泽（Arthur C. Graesser），孟菲斯大学心理学系荣誉教授	认知和学习科学、话语处理、人工智能与计算语言学、文本理解、情感、问题解答、人机辅导、教育软件设计，以及人机互动
伊薇特·格雷厄姆（Yvette Graham），都柏林三一学院计算机科学与统计学院人工智能助理教授	自然语言处理、对话系统、机器翻译，以及信息检索
丹尼尔·亨德莱克斯*（Daniel Hendrycks），人工智能安全中心主任	人工智能、机器学习安全，以及人工智能定量推理
何塞·埃尔南德斯-奥拉洛（José Hernández-Orallo），瓦伦西亚人工智能研究所、瓦伦西亚大学研究生院和瓦伦西亚理工大学人工智能研究网络教授	智能系统的一般评价和测量，特别是机器学习
杰里·R. 霍布斯（Jerry R. Hobbs），南加利福尼亚大学信息科学研究所名誉教授、研究员和自然语言处理首席科学家	计算语言学、话语分析、人工智能、语法分析、句法规则、语义解释、信息提取、知识表征，以及常识性知识编码
阿维夫·克伦*（Aviv Keren），Anyword公司高级应用科学家	人工智能、数学哲学、数学认知、数理逻辑，以及自然语言处理

续表

计算机科学家	专业特长
里克·孔塞尔－凯济奥尔斯基*（Rik Koncel-Kedziorski），Kensho 技术公司人工智能研究科学家	人工智能、自然语言处理、问题解答，以及在自然语言处理系统中意义表征的通用方法
瓦西里·鲁斯（Vasile Rus），孟菲斯大学计算机科学系和智能系统研究所教授	自然语言处理、基于自然语言的知识表征、语义相似性、问题解答，以及智能辅导系统
吉姆·斯波勒（Jim Spohrer），IBM 全球大学项目和认知系统集团荣休主任	人工智能，以及整体服务系统的认知系统
迈克尔·维特布鲁克（Michael Witbrock），奥克兰大学计算机科学学院教授	人工智能、面向社会公益的人工智能、人工智能创业、自然语言理解、机器推理、知识表征，以及深度学习

注：带"*"的科学家于 2022 年 9 月用国际成人能力评估项目数学推理能力测试完成了对人工智能的评估。

搜集专家判断

该评估通过在线调查进行，随后是小组讨论。参与者在调查开始前一周收到国际成人能力评估项目的测试材料，供其审阅。他们有两周时间完成调查。在此期间，他们可以通过个人专属调查链接多次访问和修改他们的评价。调查中共有 113 道测试题需要评分，其中有 57 道阅读领域测试题和 56 道数学领域测试题。

在线评价 10 天后，进行了一次 4 小时的在线小组讨论。在讨论会议之前，每位专家都收到了一份会议资料，显示了他们对国际成人能力评估项目的每个问题的个人评分，并在旁边显示了专家组的平均评分。在会议上，专家们还收到了更详细的反馈，涉及专家组如何评估人工智能在国际成人能力评估项目测试中的能力。专家们就这些结果进行了讨论，重点讨论了专家评价中存在很大分歧的测试题。此外，专家们还指出了他们在理解和评价问题方面所遇到的困难，并就评价方法提出了反馈意见。会议结束后，专家们有机会重新访问在线调查并修改他们的答案。

这种评估方法遵循德尔菲法来搜集专家判断。德尔菲法是一种结构化的专家组调查方法，用于征询多位专家的判断，旨在提高判断质量和增强共识（Okoli & Pawlowski, 2004[6]; European Food Safety Authority, 2014[7]）。这种方法至少要搜集两轮专家评分，每轮结束后提供反馈，说明专家组的平均评分情况。通过每轮调查进行迭代，直到专家之间达成共识。在每轮调查中，各位专家匿名、独立地评分。这种方式可以减少潜在偏差，因为避免了专家们因社会性从众而给出趋同的评价，也避免了占据主导地位的个人将自己的意见强加给专家组。每轮评价后提供反馈的做法，能够使专家完成社会性学习，并基于所获得的新信息修改先前的判断。这种反馈最终会增强专家之间的共识。

不同于经典的德尔菲方法，本研究允许专家之间进行更多交流。研究人员为专家们提供了小组邮件列表，鼓励他们在评分过程中分享关于调查的任何问题、评论或建议。一些专家利用了这一资源。第一轮结束后，专家们可以通过线上会谈讨论调查结果。此外，在线上会谈期间，他们也可以通过小组聊天来交流想法和材料。

沟通对评估工作很重要。所有专家都普遍了解执行国际成人能力评估项目的测试题所需的人工智能技术水平。然而，他们不可能知晓所有人工智能应用、最近的研究成果，或其他可能与评估相关的细节。对于能够执行某项任务的特定人工智能系统，可能只有一位或几位专家足够了解。鉴于这种情况，应该允许这些专家在评分过程中随时向小组传达他们所掌握的信息。

本研究对试点研究所做的一项改进就是提供更多的互动空间。2016年，专家组在为期两天的会议中完成了评估工作，与会者在会前便收到了评估材料（Elliott, 2017[1]）。由于时间有限，在讨论具体技术细节时，专家们仅限于提及相关的研究文章，而无法就各项计算机能力达成完全一致的理解。在追踪研究中，专家们在许多问题上依然没有达成共识。不过，他们在整个数据搜集过程中可以与小组分享各自的观点。

制定调查问卷

本研究的在线调查包含国际成人能力评估项目的阅读和数学问题。对于每个问题，专家们要回答他们对人工智能技术执行任务的信心。答案选项包括"0%—人工智能技术无法执行任务""25%""50%—可能""75%""100%—人工智能技术可以执行任务"，以及"不知道"。这一测评量规结合了专家对人工智能技术的信心以及他们对人工智能能力的评级。例如，"0%—人工智能技术无法执行任务"意味着专家非常确定人工智能不能执行该任务，而"25%"则意味着专家认为人工智能可能做不到。

这项研究为专家提供了详细的说明，界定了在国际成人能力评估项目测试中评价人工智能潜在应用的参数。针对测试中的任务量身定制人工智能系统是不现实的。因此，专家们考虑了如何使现有技术适应国际成人能力评估项目的环境。要进行这种调整，可以基于一组相关示例对系统进行训练，或对特定词汇、关系或知识表征类型（如图表和表格）的信息进行编码。专家还要为使用当前技术开发回答测试问题的计算机系统的工作规模设定上限。与以往的评估一样，专家在判断时可以考虑两个粗略标准。

首先，引导语要求专家考虑"当前"的计算机技术，即文献中充分论述过的任何可用技术。这一点很重要，因为评估的目的是反映当前系统的应用情况，而不是创造全新的系统。

其次，引导语要求专家考虑使现有技术适应国际成人能力评估项目"合理的预先准备"。在这里，"合理的预先准备"是在一年内为一个研究小组提供100万美元的资金，用于建立和完善一个利用现有技术解答国际成人能力评估项目问题的系统。此外，根据引导语要求，专家需要设想开发两个独立的系统，一个用于解决所有阅读问题，另一个用于数学测试。

追踪研究尝试解决试点研究中遇到的一些方法上的难题。专家们指出，为人类开发的测试项目通常会忽略大多数人类具备，但机器没有掌握的能力（Elliott, 2017[1]）。这意味着，计算机之所以在某些方面表现不佳，可能是由于缺乏人类认为理所当然的能力，而不是缺乏被评估的主要能力。这给解释计算机在人类测试中的表现带来了问题。例如，国际成人能力评估项目中的一项任务要求计算图像中的包装瓶个数。这个问题对大多数成年人来说显然很简单。该问题涉及的数学推理对机器来说也很轻松。然而，人工智能系统在这个问题上却得到了专家们的最低评分，因为瓶子经过了包装，导致许多瓶子无法被机器识别。这道题需要额外的物体识别能力，因此它成为测评计算机数学推理能力的一个误导性的量规。

因此，有必要将完成任务所必需的，但国际成人能力评估项目没有关注的这些能力，与测评中的阅读理解和数学推理能力区分开。一些专家建议将评分过程分为两个阶段：首先确定每项任务所需的不同能力类型，然后评价人工智能在每个领域的表现。然而，这种做法需要专家们商定一套能力分类标准，以描述不同类型的能力，并确定完成每项任务所需的能力。

本研究的调查没有采用"两阶段"解决方案，而是增加了一个开放式问题："如果你认为人工智能无法执行整个任务，或者不确定它是否能够执行整个任务，那么你是否认为人工智能可以执行其中的部分任务？如果是，它可以执行哪一部分的任务？"这个问题旨在明确机器容易完成和难以完成的任务要素。通过这种方式，研究人员可以更精确地了解计算机在国际成人能力评估项目中完成挑战性任务的表现。

此外，与试点研究相比，追踪研究试图搜集更多关于专家评级背后的基本原理的定性信息。为此，在国际成人能力评估项目的每个问题之后都会附加一个开放式问题，要求专家解释他们对人工智能在该问题上的表现的看法。在测试的阅读和计算部分的结尾位置，专家可以报告其在理解或回答该领域的问题时遇到的任何困难，或者留下任何意见或建议。

最后，追踪调查要求所有专家预测 2026 年人工智能在国际成人能力评估项目的每个问题上的解答能力。这些预测经过评估，可用于探索和跟踪人工智能的潜在发展趋势。试点研究曾要求专家预测未来十年的技术改进。而追踪研究则以五年作为时间标尺。在申请资助时，许多资助项目要求研究者预测他们自己在三到五年内的研究成果。因此，研究人员通常具备这方面的经验，能够估计较短时期内可能发生的变化程度。

构建人工智能阅读和数学推理表现的统合评分

追踪研究在将专家们的评分统合为人工智能阅读和数学推理表现的单一分数时，既考虑了专家们达成共识的程度，也考虑了不确定性的水平。

首先，本研究根据大多数专家的判断，将国际成人能力评估项目的每个问题分别标记为人工智能可能解决或不可能解决。因此在分析中排除了那些无法在多数专家中达成一致的问题。然后，本研究构建了人工智能阅读和数学推理表现的统合评分，即根据大多数计算机专家的意见，人工智能可以正确回答某个领域问题的比例。针对不同的问题难度，构建了相应的统合评分，从而更详细地揭示了人工智能在国际成人能力评估项目上的表现潜力。

其次，本研究提出了不同版本的评分，以说明专家之间存在的不确定性。一类评分依据的是由专家信心水平加权的评级。例如，关于专家对人工智能执行任务的信心，"75%"表示"75%—是"，这意味着它的权重比"100%"要低。在某些版本的评分中，则略去了"可能"选项，因为它们不能提供有意义的评价。还有一些版本将"可能"算作"50%—是"，这表明一些专家将这一答案归类为肯定但不太确定的回答。有些问题收到了许多"可能"和"不知道"答案，研究人员在排除了这些问题之后重新进行了分析，以检验专家的不确定是否会影响总体评分。

挑战和经验

本研究首先搜集了 11 位人工智能专家的判断。专家之间的意见分歧是评估中的主要挑战，尤其是针对人工智能在数学问题上的表现潜力的分歧。其中出现了两个针锋相对的群体：4 位专家对人工智能执行数学测试的能力持悲观态度，而另外 4 位专家则持乐观态度。

尽管专家之间存在分歧，但是在线调查和小组讨论中搜集的定性信息还是提供了一些见解和支撑。这些分歧似乎由多方面的因素引起，但主要与被评估的计算机能力应该具有多强的通用性有关。一些专家认为，通用计算机技术应该可以被成功应用于广泛的相似的问题。但由于这种通用技术仍然有限，因此他们倾向于对人工智能能力给予较低的评级。与之相反，另外一些专家认为，技术是专门针对单一问题的，他们对这种"窄化"能力给予了更积极的评价。为了达成一致的意见，专家们需要明确将要评估的人工智能能力的通用性。

增加测试题示例是明确人工智能能力的通用性的一种方法。这可以帮助专家完整描绘人工智能在每个领域应该达到的能力范围。然而，增加更多示例是不可行的，因为国际成人能力评估项目的问题集是有限的。因此，我们另外采取了几个步骤来修订评分的引导语。

首先，使用国际成人能力评估项目评估框架中的信息来更准确地描述评估对象的阅读理解能力和数学推理能力（OECD, 2012[3]）。该文件定义了这些技能，描述了这些技能通常应用的背景和情境，并描述了用于测评这些技能的任务特点。这些信息被综合起来，另外提供了 9 个低、中、高难度的例题作为补充。这些方法有助于专家更好地了解相关领域、所涉及的任务，以及执行这些任务所需的能力。

其次，修订后的引导语要求专家根据国际成人能力评估项目评估框架的综述信息和所提供的例题，为每个领域构想和描述一个人工智能系统。然后，要求专家在在线调查中对他们所构想的系统进行评分，即评估该系统在国际成人能力评估项目的测试题上的潜在成功率。在讨论过程中，专家们常常围绕一些技术问题进行争论，即如何开发一个系统，以管理计算测试中变化多端的各种任务。然而，由于时间所限，并非所有专家都有机会分享他们的观点。因此，需要提前要求专家描述一个可能的测试系统，并向所有与会者展示这些描述，这样或许有助于专家们最终达成共识。

最初的 11 位专家都没有在小组讨论后修改他们对人工智能能力的评分。本研究又邀请了另外 4 位人工智能数学推理领域的专家，重新评估了数学测试，以改善对数学领域的评估。选定这些专家的依据是他们的成果发表情况和参与该领域相关活动的情况。他们按照修订后的评分引导语，对人工智能在每个数学问题上的表现进行了评价，并在线上会议中讨论了调查结果。

然而，这 4 位专家对人工智能的数学推理能力做出了不同评价。从讨论情况可以看出，这种分歧并非因评分工作的模糊性而造成的。专家们明确了数学推理能力测试所需的人工智能能力，以及这些能力的适用广度。反倒是引导语中关于思考如何使人工智能系统适应国际成人能力评估项目的提示，似乎使专家难以提供精确的评级。一些专家认为，鉴于最近在人工智能数学推理方面的研究激增，在为国际成人能力评估项目筹备新系统的既定期限内，人工智能的数学推理能力将继续提高。还有一些专家则关注人工智能技术的现状。然而，所有专家一致认为，人工智能目前还没有达到解决数学测试问题的阶段，但它很快就会达到这一阶段。

参考文献

Elliott, S. (2017), *Computers and the Future of Skill Demand*, Educational Research and Innovation, OECD Publishing, Paris, https://doi.org/10.1787/9789264284395-en.　[1]

European Food Safety Authority (2014), "Guidance on Expert Knowledge Elicitation in Food and Feed Safety Risk Assessment", *EFSA Journal*, Vol. 12/6, https://doi.org/10.2903/j.efsa.2014.3734.　[7]

OECD (2021), *The Assessment Frameworks for Cycle 2 of the Programme for the International Assessment of Adult Competencies*, OECD Skills Studies, OECD Publishing, Paris, https://doi.org/10.1787/4bc2342d-en.　[8]

OECD (2019), *Skills Matter: Additional Results from the Survey of Adult Skills*, OECD Skills Studies, OECD Publishing, Paris, https://doi.org/10.1787/1f029d8f-en.　[4]

OECD (2013), *OECD Skills Outlook 2013: First Results from the Survey of Adult Skills*, OECD Publishing, Paris, https://doi.org/10.1787/9789264204256-en.　[2]

OECD (2013), *The Survey of Adult Skills: Reader's Companion*, OECD Publishing, Paris, https://doi.org/10.1787/9789264204027-en.　[5]

OECD (2012), *Literacy, Numeracy and Problem Solving in Technology-Rich Environments: Framework for the OECD Survey of Adult Skills*, OECD Publishing, Paris, https://doi.org/10.1787/9789264128859-en.　[3]

Okoli, C. and S. Pawlowski (2004), "The Delphi method as a research tool: an example, design considerations and applications", *Information & Management*, Vol. 42/1, pp. 15-29, https://doi.org/10.1016/j.im.2003.11.002.　[6]

4

专家对人工智能
阅读理解和数学推理能力的评估

本章介绍了使用国际成人能力评估项目的成人技能调查对计算机能力进行追踪评估的结果。首先介绍了阅读理解能力的评估结果，然后是数学推理能力的评估结果。通过探索统合专家评分的不同方式，本章研究了人工智能在不同难度的问题上的表现。然后，本章呈现了专家的平均评价，并分析了专家之间的分歧和不确定性。随后，本章对人工智能和成年人的表现进行了比较。最后，本章就专家对评分工作的讨论进行概述，以说明专家在使用国际成人能力评估项目来评估人工智能的表现时面临的挑战。

本章介绍了使用成人技能调查对计算机能力进行追踪评估的结果。这项评估是在 2021 年由 11 位计算机科学家组成的专家组使用第 3 章中描述的方法进行的。参与者对当前人工智能在国际成人能力评估项目阅读理解和数学推理能力测试的每个问题上的表现潜力进行了评分。在进行这些评价时，专家还设想了将人工智能技术应用于国际成人能力评估项目的开发工作，开发工作持续时间不超过一年，成本不超过 100 万美元。

由于专家对人工智能数学推理能力的评价存在分歧，因此另有 4 位人工智能数学推理领域的专家受邀重新评估数学测试。这次评估对原先的方法进行了修订，专家事先收到了更多关于国际成人能力评估项目的信息，同时也要求专家就可能执行测试的技术提供更多信息。本章首先讨论了阅读理解能力的评估结果，然后是数学推理能力的评估结果。

总的来说，专家预测人工智能在国际成人能力评估项目中的表现处于成人能力分布的中上水平。在阅读理解能力方面，评估的结果表明目前的计算机技术在测试中的表现大致相当于成人能力水平 3。在数学推理能力方面，评估的结果表明在较容易的问题上，人工智能的表现更接近成人水平 2；而对于较难的问题，人工智能的表现则接近成人水平 3。然而，并非所有专家都认同数学推理能力的评估结果。

对人工智能阅读理解能力的评估

在国际成人能力评估项目中，阅读理解能力被定义为"对书面文本进行理解、评价、使用和互动，以融入社会，实现个人目标，发展个人的知识和潜力"（OECD, 2012[1]）。该项目通过不同形式的问题评估阅读理解能力，包括基于印刷文本、数字文本、连续文本和非连续文本，以及混合多种文本类型或包含多个文本的问题。这些问题需要对书面单词和句子进行解码，还需要对复杂文本进行理解、解释和评价，但不要求完成写作任务。这些问题取材于发达国家大多数成年人熟悉的几个场景，包括工作、个人生活、社会与社区、教育与培训。

阅读问题分为 6 个难度等级，从水平 1 以下到水平 5（OECD, 2013[2]）。

较容易的测试题目包括熟悉主题的短文本，与藏在文本中的答案措辞相同的问题。较难的测试题目包括较长的，有时涉及不太熟悉的主题的多个文本，测试对象需要基于文本进行一些推理，排除文本中容易导致错误的干扰信息。下文将水平 1 以下与水平 1 合并为一个难度等级，并将水平 4 和水平 5 合并为一个难度等级。在国际成人能力评估项目的 57 个阅读问题中，有 7 个问题的难度为水平 1 以下或水平 1，15 个问题为水平 2，23 个问题为水平 3，12 个问题为水平 4 及以上（参见第 3 章对国际成人能力评估项目的概述）。

按问题难度对人工智能的阅读理解能力评级

图 4.1 显示了根据大多数专家的意见，人工智能在每个难度级别中能够正确回答的阅读问题的平均比例。专家针对每个问题进行了评分，范围从"0%—人工智能无法执行任务"到"100%—人工智能可以执行任务"。这个量规既反映了专家对人工智能能力的判断，也反映了他们对这种判断的确信度。用这些评级可以统计出以下三种统合评分：

● 第一种统合评分是将"0%"和"25%"视为"否"，将"75%"和"100%"视为"是"。然后，根据一半以上专家的答案，将这些问题标记为人工智能技术可以执行或不可以执行。对于"可能"或"不知道"的专家答案则

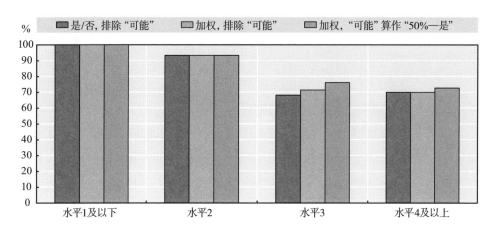

图 4.1 不同计算方法下人工智能的阅读表现

根据简单多数专家的意见，人工智能能够正确解答的阅读问题比例

不予考虑。最后，根据大多数专家的意见，针对每个难度等级，计算出人工智能可以正确回答的问题比例。

● 第二种统合评分与第一种统合评分类似，但它是按照专家对其判断的确信度加权评分。也就是说，"25%"和"75%"的确信度比"0%"和"100%"的权重要小。

● 第三种统合评分将"可能"评级视为"是"（加权为 0.5），以考虑"可能"的潜在不同解释。

这三种统合评分最终得出了相似的结果。根据简单多数原则的投票结果表明，人工智能有望解决所有水平 1 及以下的问题和 93% 的水平 2 问题。针对水平 3 和水平 4 及以上的问题，人工智能有望正确回答 70% 左右。这意味着，在对成年人较为容易的问题上，人工智能的表现最佳；而随着问题的难度上升，人工智能的表现会逐渐下降。

图 4.2 通过各阅读问题的评分分布，更详细地呈现了专家评分的结果。分布图显示，水平 1 及以下问题和水平 2 问题收到的消极评分很少。对于水平 1 问题，专家评价的一致性较高，大多数专家给予了很高的评分。在水平 2 问题上，专家判断存在更多不确定性，更多的专家将人工智能的能力评为"可能"。水平 3 和水平 4 及以上问题收到的消极评分比例增加。这表明专家预判人工智能在这些水平上会表现较差。然而，评价结果也反映了专家之间的分歧，因为在这些等级的问题中，很多问题的积极和消极评分比例相当。下面将讨论产生分歧的可能原因。

专家对人工智能阅读理解能力的评分

这 11 位计算机科学家来自人工智能研究的不同子领域。在成熟的技术领域，他们所掌握的知识可能趋同，但在涉及较新的或并不知名的方法时，每位专家都掌握着特定的专业知识。这可能会影响专家对人工智能阅读理解能力的整体评估。

图 4.3 显示了专家对人工智能阅读理解能力的平均评分。与图 4.1 一样，专家的平均评分以三种方式计算。第一种方式是将所有评分编码为"否"

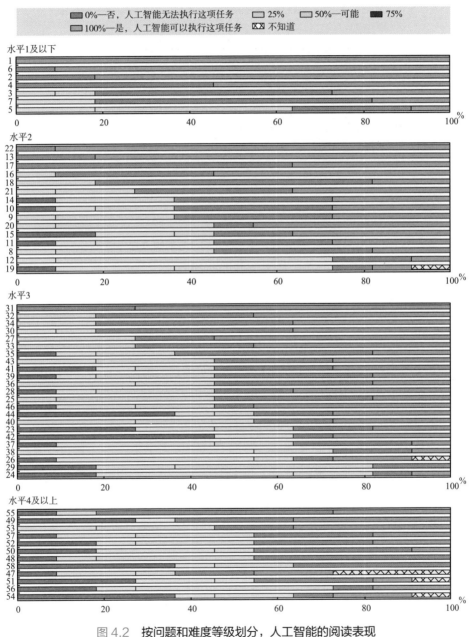

图 4.2　按问题和难度等级划分，人工智能的阅读表现

专家评分分布

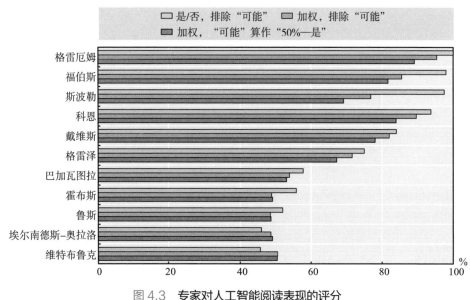

图4.3　专家对人工智能阅读表现的评分

根据不同计算规则得出的平均评分

（0%）或"是"（100%）。也就是说，表示不太确定的"25%"被算作"0%"，"75%"被算作"100%"。排除"可能"评价，计算专家评分的平均值。第二种方式是保留"25%"和"75%"的评分，并排除"可能"评价。第三种方式是将"可能"视为"50%"，为每位专家计算出原始的五个等级的平均值。

结果显示，专家对人工智能在阅读理解方面的整体表现达成了一致意见。所有专家判断的平均值都处于人工智能表现的中上水平。用三种不同方式计算专家评分的平均值，最终得出了相似的结果。然而，当把消极和积极评价分别作为"否"（0%）和"是"（100%）来处理时，平均数显示出更大的差异性。其中，对人工智能的阅读理解能力最不看好的专家给出了46%的平均分，而持最乐观态度的专家则给出了100%的高分。加权方式所得出的平均值区间更小：当排除"可能"评价时，评分区间为49%—95%；当包含"可能"评价时，评分区间为49%—89%。

专家在阅读理解能力评价上的分歧

到目前为止的分析都是依靠简单多数原则，来确定专家对人工智能是否有能力正确回答国际成人能力评估项目的阅读问题的评分。然而，如图 4.2 所示，有些问题的积极和消极评价比例相当。这意味着专家在这些问题上的评价一致性较低。本节介绍了一种更为严格的方法，即必须有三分之二的专家对人工智能能否解决国际成人能力评估项目问题达成一致意见。

表 4.1 呈现了在不同原则下专家达成一致意见的问题数量。在简单多数原则下，专家们几乎在所有问题上都达成了一致意见。这意味着排除回答"可能"和"不知道"的应答者之后，人工智能能否执行国际成人能力评估项目任务是由一半以上的应答者所决定的。相比之下，三分之二原则要求提供有效评价的应答者中必须有三分之二的人持相同意见。与前一种原则相比，在这一原则下符合要求的问题较少。如果评价只论"是"或"否"，并且排除"可能"评价，则 57 个阅读题中只有 48 个达成了三分之二的一致意见。如果在分析中对于"25%"和"75%"的"不确定"评价赋予较低权重，则更难达成三分之二的一致意见。在加权变量中，如果排除"可能"评价，则只有 30 个问题达成了三分之二的一致意见；而如果将"可能"算作"是"（加权为 0.5），则有 42 个问题获得了三分之二的一致意见。

表 4.1　专家针对阅读问题的意见一致性

问题难度	问题数量	简单多数原则			三分之二原则		
		是/否，排除"可能"	加权，排除"可能"	加权，"可能"算作"50%—是"	是/否，排除"可能"	加权，排除"可能"	加权，"可能"算作"50%—是"
水平 1 及以下	7	7	7	7	7	6	7
水平 2	15	15	15	15	14	12	13
水平 3	23	22	21	21	20	10	16
水平 4 及以上	12	10	10	11	7	2	6
所有问题	57	54	53	54	48	30	42

图 4.4 显示了在三分之二原则下，阅读理解能力的统合评分，并将其与简

单多数原则下的评分进行了比较。重点关注的是只使用"是"评价（75%或100%）和"否"评价（0%或25%），而排除"可能"评价的统合评分。两种原则下，在各难度等级上得出的人工智能能力评分大致相同，只在水平4及以上问题中出现较大差异。鉴于这种情况，较为保守的统合评分表示人工智能可以解答86%的问题；而简单多数原则对此得出的评分是70%。针对这一差异，应谨慎解释，因为针对水平4及以上问题，三分之二原则只适用于7个问题，而简单多数原则适用于10个问题。

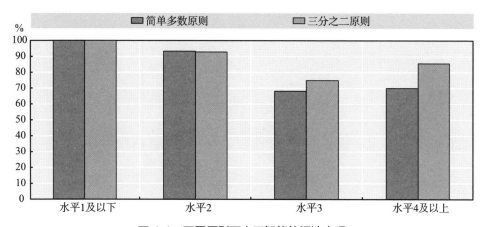

图 4.4　不同原则下人工智能的阅读表现

根据简单多数和三分之二多数专家的意见，人工智能能够正确解答的阅读问题比例；
使用"是/否"评分，排除"可能"

专家对阅读理解能力的不确定评价

一些专家可能不知道人工智能是否有能力解决国际成人能力评估项目中的某些问题，他们也可能难以理解某个问题对人工智能的要求。如果有很大比例的专家对某个问题做出了不确定评价，或者根本没有做出评价，这可能反映出该领域专家对所需的人工智能能力普遍存在模糊认识。这也可能表明专家对于如何使用该问题来评估人工智能的能力缺乏清晰认识。因此，在测评人工智能的能力时，将这些不确定性较高的问题作为量规是不太可靠的。

表4.2概括了"可能"或"不知道"评价的数量。只有11个问题没有得到不确定评价，有10个问题得到了4个及以上"可能"或"不知道"评价。最后一栏显示了"可能"或"不知道"评价在所有评价中的比例。它概括了

各难度等级下的总体不确定性。总的来说，在阅读理解能力的评估中，"可能"或"不知道"评价占到了 20%。在水平 2 及以上，不确定评价的比例介于 20% 和 23% 之间；在水平 1 及以下，该比例最低（8%）。

表 4.2　专家针对阅读问题的不确定评价

问题难度	问题数量	评价为"可能"或"不知道"的问题数量					不确定评价的比例
		无"可能"或"不知道"	1 个"可能"或"不知道"	2 个"可能"或"不知道"	3 个"可能"或"不知道"	4 个及以上"可能"或"不知道"	
水平 1 及以下	7	5	1	0	0	1	8%
水平 2	15	3	2	3	3	4	22%
水平 3	23	2	2	11	6	2	20%
水平 4 及以上	12	1	2	2	4	3	23%
所有问题	57	11	7	16	13	10	20%

图 4.5 只关注了不确定评价少于 3 个的问题，即只利用这些问题测评人工智能的阅读理解能力。该评分基于简单多数原则，其中评价"0%"和"25%"

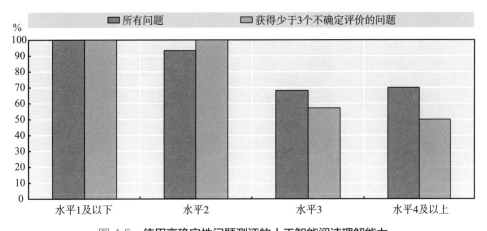

图 4.5　使用高确定性问题测评的人工智能阅读理解能力

根据简单多数专家的意见，人工智能能够正确解答的阅读问题比例；使用"是 / 否"评分，排除"可能"

算作"否"（0%）；评价"75%"和"100%"算作"是"（100%）；排除"可能"评价。该图将获得少于 3 个不确定评价的问题评分与所有问题的评分进行了比较，图示表明，在排除具有高不确定性的问题后，结果大致保持不变，而在较难的问题上，对人工智能表现的预期有所下降。

将计算机阅读理解能力评分与人类的评分相比较

在成人技能调查的评分过程中，使用项目反应理论（item response theory）来计算每个问题的难度评分和每个成年人的能力水平评分。问题和测试对象的评分都使用 500 分制（OECD, 2013[2]）。作为测试对象的成年人在某个问题难度等级上正确回答三分之二的问题，其能力水平即为该等级。因此，达到阅读理解能力水平 2 的成年人大约能够正确回答三分之二的水平 2 问题。一般来说，人们更有可能正确回答低于其能力水平的问题，对于高于其能力水平的问题则相反。例如，一个处于水平 2 中位的普通成年人可以正确回答 92% 的水平 1 问题，却只能答对 26% 的水平 3 问题（OECD, 2013, p. 70[2]）。

图 4.6 将人工智能的阅读理解能力与成年人在三个能力水平上的预期表现进行了比较。其中，人工智能的评分采用简单多数原则——评价"0%"和

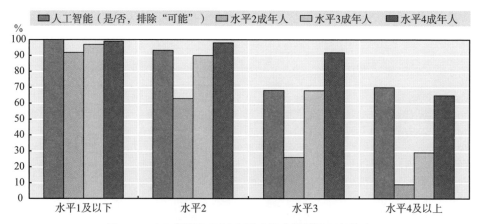

图 4.6　人工智能与不同水平成年人的阅读理解能力

根据多数专家的评价，比较人工智能能够正确解答的阅读问题比例与不同能力水平的成年人正确解答问题的概率

来源：OECD (2012[3]，2015[4]，2018[5]), *Survey of Adult Skills (PIAAC) databases*, http://www.oecd.org/ skills/piaac/publicdataandanalysis/（访问日期：2023 年 1 月 21 日）.

"25%"算作"否";评价"75%"和"100%"算作"是"。结果显示,在前三个问题难度等级上,人工智能的评分接近成人水平3的评分。当问题难度等级达到水平4及以上时,人工智能正确回答阅读问题的预期比例更接近成人水平4。然而,针对后一个结果,应谨慎解释。如前面几节所示,只有少数问题达到了水平4及以上。而与难度较低的问题相比,专家在这些问题上产生分歧和不确定评价的比例更高。

图4.7比较了人工智能的评分和成年人在国际成人能力评价项目阅读测试中的平均成绩。一个在阅读方面表现平平的成年人预计能够正确回答90%的水平1及以下问题,68%的水平2问题,43%的水平3问题,20%的水平4及以上问题。根据大多数计算机专家的意见,人工智能在每个难度等级上有望正确解答更大比例的问题。

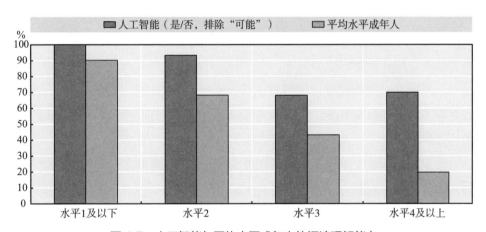

图 4.7　人工智能与平均水平成年人的阅读理解能力

根据多数专家的评价,比较人工智能能够正确解答的阅读问题比例与平均水平的成年人正确解答问题的概率

来源:OECD (2012[3],2015[4],2018[5]),*Survey of Adult Skills (PIAAC) databases*, http://www.oecd.org/skills/piaac/publicdataandanalysis/(访问日期:2023年1月21日).

关于阅读理解能力评估的讨论

小组讨论和在线调查中搜集的定性反馈主要集中在最新的自然语言处理技术上,特别是问答系统。专家们经常提到大规模预训练语言模型,如GPT(Radford et al., 2018[6]),或讨论解决任务中的各组成部分的具体方案。

总的来说，专家似乎很关注语言处理系统在国际成人能力评估项目中的应用。一些人指出，国际成人能力评估项目的阅读任务与自然语言处理系统在实际中的应用相似。还有一些专家提到，在人工智能研究中评价自然语言处理系统的基准，如斯坦福问答数据集（SQuAD）（Rajpurkar et al., 2016[7]; Radford et al., 2018[6]）与国际成人能力评估项目中的人工智能潜力评价存在关联，因为它们包含类似的问题和任务。然而，针对在国际成人能力评估项目上使用专家判断来评价人工智能的能力，也有人提出了一些担忧。

任务的范围

阅读理解和数学推理能力评分的一个主要难点在于潜在人工智能系统的预期任务范围。如第 3 章所述，国际成人能力评估项目的任务是以各种形式呈现的，包括文本、表格、图形和图像。此外，计算机专家习惯于考虑专为狭义问题而定制的系统，并在具有明确任务集的数据集上进行训练。因此，鉴于国际成人能力评估项目中的问题存在巨大差异性，难以确定所评估的假想系统可执行的任务范围。根据明确的引导，专家们要针对一个领域的所有任务设想一个系统。然而，一些专家倾向于将每项任务或一组类似任务视为一个独立问题，并判断当前人工智能解决这一特定问题的能力。而另外一些专家则认为通用系统可以解决像国际成人能力评估项目或类似项目的各种任务。

专家对国际成人能力评估项目任务范围的理解，影响了他们对解决这些任务所需的人工智能能力的看法，并最终影响了他们在该项目中对人工智能能力的评价。这就涉及专家如何看待系统对语言的理解程度。一些专家认为，某些阅读问题只需通过"浅层"语言处理即可解决。浅层处理涉及各种类型的模式匹配，例如根据一段文字与问题措辞的相似性，将其作为问题的答案。这些专家在此类问题上对人工智能的评价较高，他们认为利用这种简单化的方法足以在文本中发现正确答案。不过，还有一些专家认为，人工智能要完成整个阅读测试，甚至完成测试以外的类似任务，就必须进行"深度"语言处理。深度处理涉及对语言含义的解释。后面这部分专家往往对人工智能阅读理解能力的评价较低。

问题格式

专家在语言理解上的不同解释还涉及部分问题使用的非文本格式。针对几个包含图表的问题，专家组中的支持者和不支持者人数大体相当，有的认为现有技术可以解答该问题，有的则认为不能解答。在研讨会上，专家们对其中一个问题进行了较为深入的讨论（水平 2 的问题 15）。该问题包含一篇关于金融主题的报刊短文，并附有两张柱状图。图表显示了 10 个国家在两项金融指标上的排名，每项指标在图表标题中都有明确说明。该问题要求应答者指出哪两个国家的其中一项指标数值落在指定范围内。这就要求应答者识别有关指标的图表，找到代表特定数值范围的图示，并查看这些图示所对应的国家——完成这个任务并不需要阅读文章。

专家普遍认为，阅读图表和处理图像对人工智能而言仍是一种挑战。然而，他们也相信，只要提供足够多的包含类似图表的数据，就可以训练出一个系统来解决这一任务。这种训练也满足评分说明中的要求。评分说明中要求专家设想调整现有技术以适应国际成人能力评估项目的开发工作，持续时间不超过一年，成本不超过 100 万美元。持悲观态度的专家则认为，目前尚不存在一个能够处理图形、图像和其他形式的自然语言数学问题的通用问答系统。此外，开发这样一个系统需要技术上的突破，这在很大程度上超过了评分说明中所说的假设性开发投入。

应答类型

会议还讨论了评分工作中的其他挑战。其中，专家组反复提及的一个话题是问题中使用的多样性应答类型。一些选择题要求应答者从几个可能的选项中选择一个正确答案，还有一些问题则要求应答者输入自己的答案或在文本中突出标记答案。据专家介绍，计算机在处理某些应答类型时可能存在相当大的困难，如点击答案。

开发条件

专家讨论的另一个重要话题是，专家根据要求对评估项目进行的假设性预先准备是否充分。如上所述，假设将人工智能系统调整到适应国际成人能力评估项目的任务，时间不超过一年，成本不超过 100 万美元。持乐观态度的专家认为，如果将预算门槛提高至 1000 万美元以上，则可以开发出精通阅读理解能力测试的系统。然而，持悲观态度的专家认为，预算限制不是开发此类系统所面临的真正挑战。按照他们的说法，用于处理阅读任务的通用系统需要在自然语言处理方面取得重大技术进步。

　　总的来说，调查过程中的讨论结果和书面意见表明，专家对最先进的自然语言处理系统的阅读理解能力已经达成了相当程度的共识。他们普遍认为，针对国际成人能力评估项目的大多数问题，系统通过足够数量的类似问题进行训练后，可以将这些问题作为独立的问题来一一解决。然而，经过此类训练的系统仅适用于国际成人能力评估项目，因此并没有实际意义。专家还普遍认为，相比于能力出众的人类，人工智能技术还不能完全掌握整个成人能力评估项目的阅读理解能力测试。也就是说，它无法理解问题的含义，也无法处理不同形式的文本，以正确回答这些问题。

　　然而，关于对所评价技术的要求，专家们的解读仍存在分歧。一些专家认为这种技术应该是专用的，只用于解决国际成人能力评估项目问题。另一些专家则认为这种技术应该构成一个通用系统，能够在各种场景下理解、评价和使用书面文本。

对人工智能数学推理能力的评估

　　根据成人技能调查中的定义，数学推理能力被定义为"获取、使用、解释和交流数学信息和思想的能力，以参与和管理成年人日常生活中的各种数学需求"（OECD, 2012[1]）。该技能涵盖不同的数学操作，包括计算，估计比例、百分比或变化率，操纵空间维度，使用各种测量设备，辨别模式、关系和趋势，以及理解与概率或抽样有关的统计概念。测试问题会以各种形式呈现数学信息，包括物体和图片、数字和符号、图表、地图、图形、表格、文本以及科技化演示。与阅读理解能力测试一样，这些问题也来自人们熟悉的场景，如工作、个人生活、社会和社区、教育和培训。

　　数学问题包含六个难度等级，从水平 1 以下直到水平 5（OECD, 2013[2]）。为简单起见，水平 1 以下与水平 1 归为一个等级；水平 4 和水平 5 归为一个等级。在国际成人能力评估项目的数学题中，有 9 个问题为水平 1 以下或水平 1，21 个问题为水平 2，20 个问题为水平 3，只有 6 个问题为水平 4 或以上。

　　难度最低的问题只要求应答者执行简单的单步过程。例如，计数、分类、整数或货币的基本运算、理解简单的百分比（如50%），或识别常见图形或空间表示法。难度较高的问题则要求应答者采取多个步骤来解决问题，并应用不同类型的数学知识。例如，应答者不仅需要分析，还要运用更复杂的推理，最终得出推论或确定解决方案或选项。其中的数学信息以复杂且抽象的形式呈现，或嵌入较长文本中（关于国际成人能力评估项目的概述，另见第3章）。

如第3章所述，有11位专家对人工智能在国际成人能力评估项目阅读理解能力和数学推理能力测试中的表现进行了评价。随后，又有4位研究人工智能数学推理的专家受邀对人工智能在数学推理方面的能力进行了评价。以下呈现的是参加数学推理能力评价的15位专家给出的评分。

按问题难度划分，人工智能的数学推理能力评分

图4.8显示了人工智能数学推理能力的统合评分。统合评分的计算方法是：计算每个问题的专家评价中"是"和"否"的比例，按多数专家的评价为该问题评分，然后估计每个问题难度下获得"是"的问题比例。因此，这些评分显示了，根据大多数专家的意见，人工智能在每个难度等级中能够正确回答的问题比例。

与阅读能力分析一样，有三种计算统合评分的方式，这些方式的区别在于对"是"和"否"评价的处理上。第一种计算方式将"25%"和"75%"的

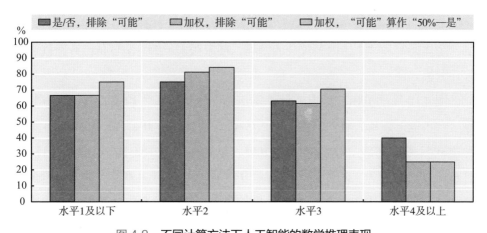

图4.8 **不同计算方法下人工智能的数学推理表现**

根据简单多数专家的意见，人工智能能够正确解答的数学问题比例

不确定评价分别算作"否"（0%）和"是"（100%），并排除了"可能"评价。第二种方式考虑了专家的不确定意见，对"25%"和"75%"赋予了较低权重。也就是说，"25%"被视为"0.75—否"，"75%"被视为"0.75—是"。第三种方式与第二种方式类似，区别仅在于前者将"可能"计为"0.5—是"。

按照第一种评分方式，人工智能可以正确回答 67% 的水平 1 及以下问题，75% 的水平 2 问题，63% 的水平 3 问题和 40% 的水平 4 及以上问题（见图 4.8）。当采用第二种评分方式时，前三个难度等级上与先前的结果相近，而到了水平 4 及以上，正确回答的比例降低至 25%。第三种评分方式将"可能"计为"0.5—是"，其中人工智能在水平 1 及以下、水平 2 和水平 3 问题上的表现高于其他评分方式下的表现，在水平 4 及以上的正确回答比例为 25%。这三个评分结果都表明，人工智能的表现模式与人类的表现模式不同。也就是说，根据专家的意见，在人类认为中等难度的问题上，人工智能会有更好的表现；而在人类认为最容易的问题上，人工智能稍显逊色。

图 4.9 按照问题的难度等级呈现了各个问题的评分分布。可以看到，每个问题都得到了积极和消极两种评价。这些对立评价的比例往往非常接近，表明影响人工智能数学推理能力最终评价的一方只是略占优势。在水平 1 及以下问题中，有几个问题收到的不确定评价占比很高，约为 20%，甚至更高。

专家对人工智能数学推理能力的评分

下面的分析主要关注 15 位专家对人工智能数学推理能力的评分。它显示了"个体间"和"个体内"评分的差异，便于深入了解专家评价的一致性和个人评分模式。

图 4.10 展示了用三种方式计算得出的专家评分的平均值。第一种方式排除了"可能"评价，将"25%"和"75%"分别算作"0%"和"100%"。第二种方式只考虑 0%、25%、75% 和 100% 的评分。第三种方式考虑所有评分，且将"可能"视为"50%"。该图显示了专家意见的巨大差异性，他们给出的平均评分覆盖了人工智能在数学推理能力测试中的整个打分范围。其中，有两组专家的评价针锋相对：在各种评分方式下，有 5 位专家的平均分在 0%—20%，另有 4 位专家的平均分在 80%—100%。

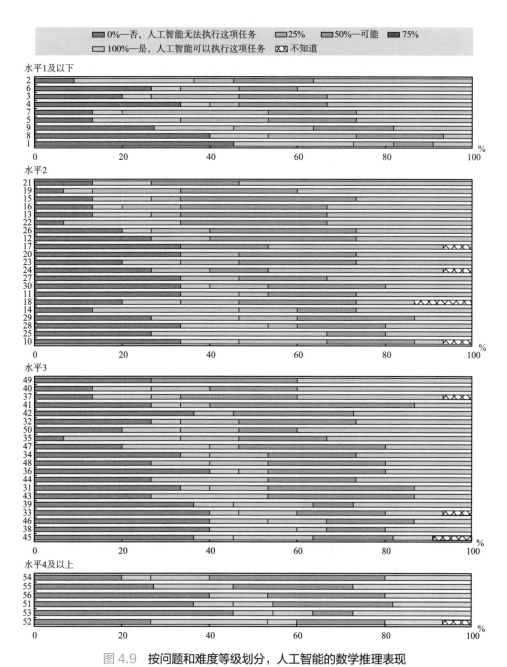

图 4.9 按问题和难度等级划分，人工智能的数学推理表现

专家评分分布

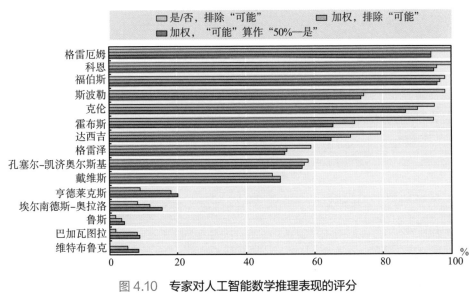

图 4.10　专家对人工智能数学推理表现的评分

根据不同计算规则得出的平均评分

图 4.11 比较了最初的 11 位专家的评价结果与后来加入的 4 位人工智能数学推理专家用修订框架得出的评价结果。框架的修订主要包括提供更多关于国际成人能力评估项目的信息和示例，以及要求专家描述一次性解决该领域所有问题的人工智能方法。

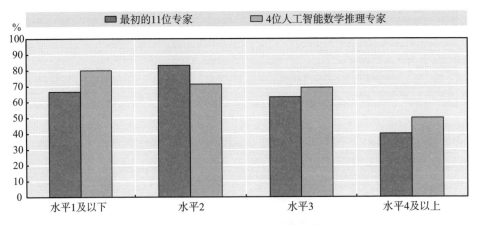

图 4.11　各专家组对人工智能数学推理表现的评分

11 位核心专家与 4 位人工智能数学推理专家的评分比较

　　总的来说，这两次评估的结果是相似的，遵循简单多数原则，将专家评分简单划分为积极评分（75% 和 100%）和消极评分（0% 和 25%）。针对水平 1 及以下和水平 3 及以上的问题，第一次评估的统合评分比 4 位数学推理专家的评分要低一些。在水平 2 问题上，最初的 11 位专家给出的结果比后来重新评估的评分高出 12 个百分点。这些微小的差异表明，评价框架中引入的变化和专业知识重点的变化都没有实质性地影响人工智能数学推理能力的整体评分。

专家在数学推理能力评价上的分歧

　　表 4.3 提供了更进一步的对专家意见一致性的探查。它显示了在采取不同的计算方式计算"是"和"否"评价之后，简单多数原则和三分之二原则下各难度等级问题的数量。当把"75%"和"100%"的评分作为"是"评价，把"0%"和"25%"的评分作为"否"评价时，专家在 53 个问题上达到了简单多数门槛。当"25%"和"75%"的评分在计算"是"和"否"评价时被赋予较低权重时，只有 42 个问题达到了简单多数门槛。当"可能"评价也被算作"是"（加权后）时，有 48 个问题达到了简单多数。这表明上文显示的加权评分所依据的数学问题要少得多。

表 4.3　专家针对数学问题的意见一致性

问题难度	问题数量	根据以下原则达成一致意见的问题数量					
		简单多数原则			三分之二原则		
		是/否，排除"可能"	加权，排除"可能"	加权，"可能"算作"50%—是"	是/否，排除"可能"	加权，排除"可能"	加权，"可能"算作"50%—是"
水平 1 及以下	9	9	9	8	2	1	2
水平 2	21	20	16	19	11	2	5
水平 3	20	19	13	17	4	0	1
水平 4 及以上	6	5	4	4	1	0	0
所有问题	56	53	42	48	18	3	8

数学推理领域的大多数问题无法达到三分之二原则。在只计算"是"或"否"评价，排除"可能"评价的统合评分方式下，只有 18 个问题获得了三分之二的一致意见。在加权统合评分的方式下，排除"可能"评价后，只有 3 个问题获得了三分之二的一致意见；而如果将"可能"算作"50%—是"，则有 8 个问题获得了三分之二的一致意见。仅仅依靠这几个问题，显然不足以支撑人工智能数学推理能力的评价。

专家在数学推理能力评价中的不确定意见

表 4.4 统计了数学推理能力评价中不确定评价的数量。总的来说，在数学推理能力评价中，不确定评价的数量比阅读理解能力评价中的要少，"可能"和"不知道"评价只占到了 12%；而在阅读理解能力评价中，该数字达到了 20%。在阅读理解能力评价中，难度等级较高的问题得到的不确定评价更多；而在数学推理能力评价中，专家对水平 1 及以下问题的不确定性最高，对水平 4 及以上问题的不确定性最低。具体而言，在最简单的数学题中，有 17% 的评价是"可能"和"不知道"，而在水平 4 及以上的数学题中，这一比例仅为 8%。只有少数数学题得到了较多的不确定评价，其中有 7 个问题得到了 3 个不确定评价，有 3 个问题得到了 4 个或更多的不确定评价。

表 4.4　专家针对数学问题的不确定评价

问题难度	问题数量	评价为"可能"或"不知道"的问题数量					不确定评价的比例
		无"可能"或"不知道"	1个"可能"或"不知道"	2个"可能"或"不知道"	3个"可能"或"不知道"	4个及以上"可能"或"不知道"	
水平1及以下	9	0	3	2	3	1	17%
水平2	21	3	5	9	2	2	12%
水平3	20	3	5	10	2	0	11%
水平4及以上	6	2	2	2	0	0	8%
所有问题	56	8	15	23	7	3	12%

图 4.12 是排除了获得 3 个或更多不确定评价的 10 个问题后，计算得出的人工智能数学推理能力统合评分。该统合评分只计算"是"（"75%"和"100%"的评分）或"否"（"0%"和"25%"的评分），并排除了"可能"评价。它显示的结果与使用简单多数原则测评所有问题所得出的结果相似。唯一的区别在水平 1 和水平 3 问题上。在这两个难度等级中，依据高确定性问题得出的人工智能评分分别偏低和偏高。

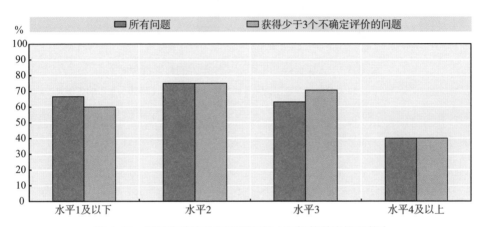

图 4.12　使用高确定性问题测评的人工智能数学推理能力
根据简单多数专家的意见，人工智能能够正确解答的数学问题比例；使用"是 / 否"评分，排除"可能"

将计算机数学推理能力评分与人类的评分相比较

如第 3 章所述，国际成人能力评估项目中的问题难度和能力水平都是按照相同的 500 分制来评定的。对应答者的评价取决于他们正确回答问题的数量和问题的难度。为简单起见，按照问题难度或应答者的能力水平划分了 6 个水平。达到某一能力水平的应答者，有 67% 的机会成功完成该难度等级的测试问题。他还可能以较低的正确概率完成较难问题，以较高的正确概率完成较容易的问题。

图 4.13 将人工智能的数学推理能力与成年人在各个能力水平上的平均表现进行了比较。对人工智能的评分表示在简单多数原则下，依据 15 位专家的评价得出的人工智能能够正确回答的问题比例。它只参考了专家的积极评价（75% 和 100%）和消极评价（0% 和 25%），排除了"可能"评价。成年人的

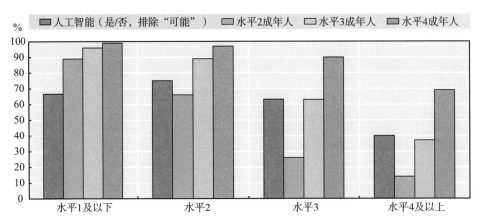

图 4.13　人工智能与不同水平成年人的数学推理能力

根据多数专家的评价，比较人工智能能够正确解答的数学问题比例与不同能力水平的成年人正确解答问题的概率

来源：OECD (2012[3]，2015[4]，2018[5])，*Survey of Adult Skills (PIAAC) databases*, http://www.oecd.org/skills/piaac/publicdataandanalysis/(访问日期：2023 年 1 月 23 日).

能力水平也可以采用类似方式来解读：在某一能力水平上，得分处于中等水平的应答者预期能正确解答的问题比例。

结果显示，与人类的能力水平相比，人工智能的数学推理能力水平在不同难度等级上的差异较小。也就是说，人工智能在不同问题上的能力水平是相近的，而成年人在最简单的问题上表现更好，在最难的问题上表现更差。在水平 1 及以下的问题上，人工智能与人类的表现差距最大，人工智能预计能解决67% 的问题，而水平 2 的成年人能够解决89% 的问题。在水平 2 问题上，人工智能的预期成功概率（75%）位于水平 2（66%）和水平 3（89%）的成年人之间。在水平 3 和水平 4 及以上的问题上，人工智能的表现与水平 3 的成年人相当。

此外，图 4.14 比较了人工智能与平均水平的成年人在国际成人能力评估项目中的表现。人工智能的数学推理能力预计在水平 1 及以下的问题上低于人类的平均水平，在水平 2 问题上与人类水平相近，在水平 3 和水平 4 及以上问题上高于人类水平。

总的来说，应该谨慎对待这些结果。对于人工智能是否能完成国际成人能力评估项目的计算任务，专家的评价只达成了薄弱的共识。下面的章节将更详细地介绍专家在人工智能数学推理能力量化测评中的意见一致性。

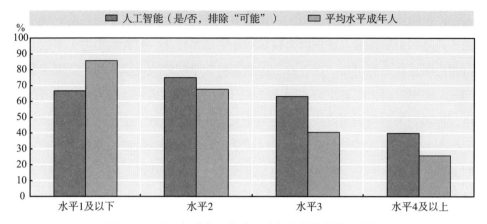

图 4.14　人工智能与平均水平成年人的数学推理能力

根据多数专家的评价，比较人工智能能够正确解答的数学问题比例与平均水平的成年人正确解答
问题的概率

来源：OECD (2012[3]，2015[4]，2018[5])，*Survey of Adult Skills (PIAAC) databases*，http://www.oecd.org/skills/piaac/publicdataandanalysis/（访问日期：2023 年 1 月 23 日）.

关于数学推理能力评估的讨论

在小组讨论中，11 位计算机专家详细阐述了他们在阅读理解能力和数学推理能力评估中遇到的困难。从这一讨论中，我们首次深入了解到专家在数学领域产生异议和不确定的因素。在第二次研讨会上，一些专家讨论了如何改进评估框架以应对这些挑战。随后，又有 4 位人工智能数学推理领域的专家受邀采用修订框架完成数学推理能力评估，并在在线研讨会上讨论了这项工作。下文描述了三次研讨会上得到的专家反馈，以及根据这些反馈采取的评估方式改进措施。

数学推理能力评估中面临的挑战

笼统地看，首批对人工智能的能力进行评估的 11 位专家认为，数学推理能力评估不如阅读理解能力评估那么简单。他们认为，这些数学问题与人工智能研究通常解决的问题有较大差异。与阅读任务相比，数学任务由于其实用性有限而受到领域内较少的关注。根据专家的意见，这些任务对人工智能技术的挑战不及阅读任务大。然而，由于缺乏对解决这些问题的兴趣和投资，目前的系统将更难解决这些问题。

在研讨会上，11 位专家讨论了人工智能数学推理能力测试的要求。总的来说，与阅读理解能力测试相比，在数学推理能力测试中假想的系统应该掌握的任务范围更加模糊。这是因为数学问题更加多样化，包含的图形、图像、表格和地图元素更加丰富。这导致一些专家将数学问题视为单一的、范围狭窄的问题，因而评价人工智能分别解决这些问题的能力。另一些专家则关注测试整体，将其视为一项全面挑战，旨在测评人工智能进行数学推理以及在各种环境下处理多模态输入的能力。专家们对数学推理能力测试范围的理解也影响了他们的评价。相比专注于整体挑战的专家，关注专项表现的专家往往给予了更积极的评价。

有一个问题引起了专家的较大分歧，针对这一问题的讨论就体现了这种差异。该问题为水平2的第20题，显示了一名销售人员在差旅中所走里程数的日志记录。该问题要求应答者估计最后一次差旅的费用报销情况。这需要运用一个简单的公式，将差旅的里程数与单位里程所消费的金额相乘，再加上每天支付额外费用的固定金额。一组专家认为，通用问答系统可以通过充分的训练数据进行微调，以处理类似的表格问题。这些专家对这个问题给予了较高的评分。而另一组专家对此表示反对，认为虽然经过了充分的微调，可能可以解决个别问题，但要开发能够解决计算问题的方案并将其整合到一个系统中，则需要更大的投入。这些专家对该问题的评分较低，因为他们质疑单一的系统是否可以解决这个问题以及数学测试中的其他所有问题。

例证专家评价的开发方法

下面的讨论大多集中在如何开发一个架构，以支持用一个系统解决不同类型的问题。其中，专家更多地关注了三种方法。

第一种方法由一位持乐观态度的专家提出，即利用分类器将专用于不同问题类型的系统结合起来。每个专用系统都将在与特定问题类型类似的大量数据上单独训练。然后，分类器将读取国际成人能力评估项目的特定任务类型，并将任务引导至相应的解决方案。据专家介绍，在当前技术阶段，只要有足够的训练数据，这种专用系统是可能实现的。然而，它们只提供了一个适用范围狭窄的解决方案，仅限于国际成人能力评估项目的测试，即使对于任务的微小变化也难以适应。

第二种方法由一位处于评分分布中间位置的专家提出，可替代大多数专家所描述的机器学习方法。它包括设计一套组件，以提供在通用水平上执行测试所需的不同能力。例如，这种方法将集成语言理解、类比推理、图像处理和问题解决的独立组件。

第三种方法由一些给出较低评价的专家提出。这是一个多模态系统，同时对不同类型的任务进行训练。通过处理不同类型的数据，共同学习不同类型的任务，可以提高系统的通用性和推理能力。然而，多任务、多模态学习仍处于发展阶段，这解释了支持这种方法的专家评分较低的原因。

这一讨论表明，鼓励专家阐述具体的方法可以为评分工作提供帮助。通过更明确地指出应该设想用单一系统同时解决一个领域的所有类型问题，本研究为专家们提供了一个共同的评价基础。讨论还促进了理解与沟通，或许有助于专家在评价中达成一致。因此，本研究在评分工作中增加了一个调查问题，要求专家简要描述一个能够执行测试领域所有问题的人工智能系统。

向专家提供更多关于国际成人能力评估项目的信息

专家们还提出了对评分工作的其他改进建议，表明需要了解更多关于国际成人能力评估项目的信息，这可以帮助他们确定待解决的问题范围和待评价的假想系统的广度。他们得到了国际成人能力评估项目评估框架的资料（OECD，2012[1]）。这些资料既包括关于评价所针对的基本技能的概念性信息，也包括关于测试问题的类型和格式的实用信息。这些资料中还加入了 9 个测试题，为专家提供了具体的任务示例。这些测试题分别代表不同的难度水平和格式。

在第二次研讨会中，一些专家讨论了改进建议。他们事先收到了关于国际成人能力评估项目的材料和任务示例，需要利用这些信息来描述解决测试的高层次方法。在研讨会上，专家们讨论了修订后的评估框架的实用性和可行性。他们一致认为，额外提供信息和例题有助于更好地理解人工智能系统的测试要求。此外，专家们建议修改调查的引导语，即考虑假设投资 100 万美元用于使技术适应测试。专家们认为，投资的假设应符合重要的商业人工智能开发项目的规模，以更好地反映该领域的现实。根据这些反馈，经合组织团队最终确定了描述国际成人能力评估项目的材料，并修订了评分说明。

修订后的评估框架由另外 4 位人工智能数学推理专家进行了测试。他们只需完成数学推理能力评价，并在线上研讨会上讨论评价结果。尽管进行了修订，但评估结果依然是好坏参半。其中一位专家给出了过多的消极评价，而另一位专家的评价大多为积极的，其余 2 位专家的评价则处于中位。

定量分析上存在分歧，定性分析上趋于一致

专家的讨论结果表明，虽然国际成人能力评估项目的要求不太明确，但这不是造成数学推理能力评分差异的原因。4 位专家认为评分说明和评分练习都很清楚。他们认为任务的多样性并不会对单一系统的评价构成挑战。他们还讨论了人工智能数学推理能力的研究在过去一年的快速发展，也思考了人工智能在不久的将来解决数学测试问题的可能性。

在 2021 年 12 月举行第一次数学推理能力评估，至 2022 年 9 月举行第二次评估期间，该领域已经采取了一些重大措施。其中包括 MATH 数据集的发布，这是数学推理领域最先进的基准（Hendrycks et al., 2021[8]）；还有谷歌的 Minerva、Codex 和 Bashkara 等几个系统的开发，这些系统都是针对定量问题进行微调的大语言模型（Lewkowycz et al., 2022[9]; Davis, 2023[10]）。此外，著名的几个人工智能实验室一直在研究能够同时处理图像和文本的多模态系统。这在专家的评价中得到了不同的反映。

3 位给出中高评价的专家认为，鉴于该领域的最新进展，人工智能的能力已接近解决国际成人能力评估项目数学测试问题的水平。因此，从这个方向上假设，很可能在不到一年的时间内产生预期结果。与之相对，评分最低的专家关注的是人工智能技术的现状，即目前它还不能应对数学测试。不过，这位专家也认同，人工智能很可能在一年内达到这个水平。

总的来说，修订评估框架，特别是加入了更多的国际成人能力评估项目信息和示例，使数学测试所针对的人工智能能力进一步明确，也增进了专家的共识。用修订框架完成数学推理能力评估的 4 位专家普遍认为，目前的系统已经近乎能够处理测试中使用的不同格式类型。为了将这种定性的共识转化为一致的定量评分，需要缩短评分说明中设想的时间跨度。这将使人们能够更加准确地评估人工智能技术的最新水平。

参考文献

Davis, E. (2023), *Mathematics, word problems, common sense, and artificial intelligence*, https://arxiv.org/pdf/2301.09723.pdf (accessed on 28 February 2023). [10]

Hendrycks, D. et al. (2021), "Measuring Mathematical Problem Solving With the MATH Dataset". [8]

Lewkowycz, A. et al. (2022), "Solving Quantitative Reasoning Problems with Language Models". [9]

OECD (2018), *Survey of Adult Skills (PIAAC) database*,http://www.oecd.org/skills/ piaac/publicdataandanalysis/ (accessed on 23 January 2023). [5]

OECD (2015), *Survey of Adult Skills (PIAAC) database*,http://www.oecd.org/skills/ piaac/publicdataandanalysis/ (accessed on 23 January 2023). [4]

OECD (2013), *The Survey of Adult Skills: Reader's Companion*, OECD Publishing, Paris, https://doi.org/10.1787/9789264204027-en. [2]

OECD (2012), *Literacy, Numeracy and Problem Solving in Technology-Rich Environments: Framework for the OECD Survey of Adult Skills*, OECD Publishing, Paris, https://doi.org/10.1787/9789264128859-en. [1]

OECD (2012), *Survey of Adult Skills (PIAAC) database*,http://www.oecd.org/skills/ piaac/publicdataandanalysis/ (accessed on 23 January 2023). [3]

Radford, A. et al. (2018), *Improving Language Understanding by Generative Pre-Training*, https://s3-us-west-2.amazonaws.com/openai-assets/research-covers/ languageunsupervised/language_understanding_paper.pdf (accessed on 1 February 2023). [6]

Rajpurkar, P. et al. (2016), "SQuAD: 100,000+ Questions for Machine Comprehension of Text". [7]

附录 4.A　补充表格

附录表 4.A.1　**第 4 章的在线表格列表（https://stat.link/7bx9mt）**

表格编号	表题
表 A4.1	针对目前计算机解答国际成人能力评估项目阅读问题的能力，专家的个人判断
表 A4.2	针对目前计算机解答国际成人能力评估项目数学问题的能力，专家的个人判断
表 A4.3	针对 2026 年计算机解答国际成人能力评估项目阅读问题的能力，专家的个人判断
表 A4.4	针对 2026 年计算机解答国际成人能力评估项目数学问题的能力，11 位核心专家的个人判断
表 A4.5	针对 2026 年计算机解答国际成人能力评估项目数学问题的能力，4 位人工智能数学推理专家的个人判断

5

2016—2021 年人工智能
阅读理解和数学推理能力的演进

本章分析了 2016—2021 年人工智能在阅读理解和数学推理能力上的变化。为此，本章比较了完成试点评估和追踪评估的专家小组的多数答复。此外，还分析了同时参与这两项研究的专家对人工智能的评价在这期间的变化。本章还研究了两次评估中专家的共识程度和不确定评价的普遍性，以对比 2016 年和 2021 年专家组评分的质量。最后，本章分析了专家对 2026 年之后人工智能能力发展趋势的预测，以探索在不久的将来人工智能可能面临的发展方向。

跟踪人工智能的进展是非常重要的，因为这有助于预测这项技术对工作和教育的影响。定期评估人工智能的能力，有利于掌握人工智能领域的技术发展方向、速度和内容。这个知识库可以帮助政策制定者切合实际去思考工作和技能需求将如何被重新定义，以及如何重塑教育和劳动力市场政策以应对这种变化。

本章比较了 2016 年和 2021 年的评估结果，以研究人工智能的阅读理解和数学推理能力在这一时期是如何发展的。2016 年，在为期两天的研讨会上，11 位计算机科学家对人工智能在国际成人能力评估项目的阅读理解、数学推理和问题解决测试中的表现潜力进行了评分。他们用"是""可能"或"否"来评价人工智能能否解答每道测试题。其中 3 位计算机科学家还评价了十年后，即 2026 年，人工智能能否解答这些问题（Elliott, 2017[1]）。

在 2021 年的追踪评估中，11 位专家（其中 6 位也参与了试点评估）在在线调查中评价了人工智能在阅读理解和数学推理方面的表现，并在一场持续 4 小时的研讨会上讨论了评价的结果。他们遵循了与 2016 年类似的评分说明。不过这次采用了不同的评分标准，评分范围为从 0%（确信人工智能无法解决这一问题）到 100%（确信人工智能可以解决这一问题）。另外 4 位人工智能数学推理方面的专家根据修订后的评分说明完成了数学推理能力评估。此外，所有专家都预测了未来五年内人工智能能力的演变。

本章首先分析了自 2016 年以来已公布的人工智能阅读理解能力的变化，以及专家就这些能力在 2026 年之前如何演变进行的预测。然后，本章比较了 11 位专家在 2016 年提供的人工智能数学推理能力评分与 15 位专家在 2021 年的评分，并对未来人工智能的数学推理能力进行了预测。

人工智能阅读理解能力的演进

追踪评估旨在与 2016 年的评价结果进行比较，同时改进方法，以更好地搜集专家对国际成人能力评估项目中人工智能能力的判断。追踪评估对 2016 年的评估进行了一些显著改进，例如使用优化的讨论技术和五点量表来评价专家的评分和他们对这些评分的确信度。图 5.1 展示了五点量表，以及 2016 年使用的评价类别。"0%"和"100%"分别代表高确信度的消极和积极评价，"25%"和"75%"则代表低确信度的消极和积极评价。在下文中，"0%"和"25%"的评价被归为一个类别，"75%"和"100%"的评价也被合并起来。这使得 2021 年使用的评价类别与 2016 年使用的"是""可能"和"否"类别具有可比性。

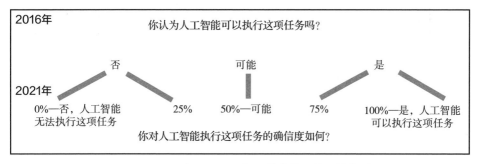

图 5.1　2016 年和 2021 年评估中使用的评价类别

为了将专家评价统合成单一的人工智能能力评分，本研究根据大多数专家的评价，将每个阅读问题标记为人工智能可解决或不可解决。随后，估计了人工智能在每个问题难度等级上能够解决的阅读问题比例。

2016—2021 年人工智能阅读理解能力的演进

图 5.2 比较了 2016 年和 2021 年的阅读理解能力总体评分结果。[1] 评分依据的是消极和积极评价中的多数，排除了"可能"评价。结果表明，人工智能在阅读测试中的表现有了很大改善。根据大多数专家的意见，在 2016 年，人工智能可以正确解答 71% 的水平 2 问题、48% 的水平 3 问题和 20% 的水平 4 及以上问题。2021 年，人工智能解答这些难度等级问题的正确率达到了 93% 和 68% 之间。这意味着人工智能在整个国际成人能力评估项目阅读测试中的表现提高了 25 个百分点，根据大多数专家的观点，人工智能可以解决的问题比例从 2016 年的 55% 增加到 2021 年的 80%。

图 5.3 展示了 2016 年和 2021 年将"可能"评价作为加权的"是"的人工智能阅读理解能力评分。具体来说，就是将"可能"作为按 0.5 加权的"是"。

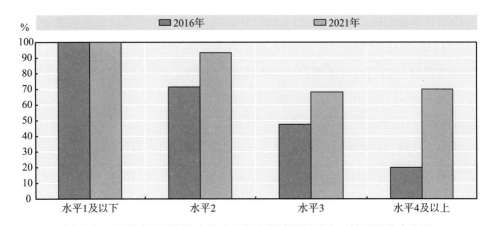

图 5.2 **2016 年和 2021 年的人工智能阅读理解能力，按问题难度分列**

根据简单多数专家的意见，人工智能能够正确解答的阅读问题比例；使用"是 / 否"评分，排除"可能"

来源：改编自 Elliott, S. (2017[1]), *Computers and the Future of Skill Demand*, https://doi.org/10.1787/ 9789264284395-en.

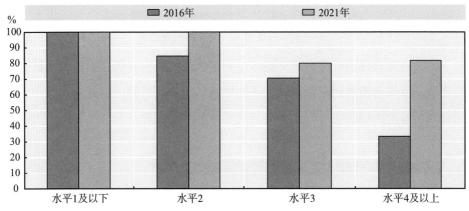

图 5.3 **2016 年和 2021 年的人工智能阅读理解能力（将"可能"算作"50%—是"）**

根据简单多数专家意见，按问题难度划分，人工智能能够正确解答的阅读问题比例

来源：改编自 Elliott, S. (2017[1]), *Computers and the Future of Skill Demand*, https://doi.org/10.1787/ 9789264284395-en.

然后，使用在所有评价中占比超过 50% 的评价类别（包括"可能"评价在内）来确定人工智能在每个问题上的能力。如果将"可能"评价算作"0.5—是"，则这两个年份的人工智能阅读理解能力评分都有升高。不过，总体情况仍然相似。2021 年，在水平 2 及以上的问题上，人工智能的阅读理解能力超过了 2016 年的表现。

这些结果反映了自 2016 年以来自然语言处理领域的进展。如第 2 章所述，自 2018 年引入大型预训练语言模型以来，自然语言处理已经取得了巨大进步。这些模型包括语言模型嵌入（Peters et al., 2018[2]）、生成式预训练转换模型（Radford et al., 2018[3]）和来自转换模型的双向编码器表征量（Devlin et al., 2018[4]）。这些模型采用前所未有的大量数据进行训练，在特定语言任务的系统中发挥作用。它们的引入推动了自然语言处理技术的最新发展，这一点可以通过评价系统性能的各种基准和测试来测评（见第 2 章）。

从参与两次评估的专家给出的评分来看，人工智能阅读理解能力的变化

随着时间的推移，提供评分的专家组发生变化，人工智能能力评分的比较可能会因此产生偏差。如果两次评估的专家组在持乐观态度者和持悲观态度者的组合、专业知识的构成，或与评估有关的其他特征方面存在差异，则这些差异将反映在人工智能的统合评分中，并且被错误地归因于两个时间点之间人工智能能力的差异。对于这些潜在的混杂因素，我们没有掌握相关信息。然而，对参与过两次评估的 6 位专家的评分变化进行分析，则可以控制与两次评估邀请不同专家组有关的大部分潜在偏差。

首先，图 5.4 概括了 2016 年和 2021 年评估中所有专家对阅读理解能力的平均评分。总体而言，两个年度的平均评分分布相似，2021 年的平均评分高于 2016 年。双独立样本 t 检验表明，专家的平均评分有显著提高（$t(20)=1.5; p=0.08$）。

图 5.4 中的蓝条代表只参加一次评估的专家的平均评分。参加试点评估但没有继续参加追踪评估的 5 位专家，在 2016 年的平均评分为中等偏上 [摩西·瓦尔迪（Moshe Vardi）、马克·斯蒂德曼（Mark Steedman）、丽贝卡·帕索尼奥（Rebecca Passonneau）、维贾伊·萨拉斯瓦特（Vijay Saraswat）和吉尔·伯斯坦（Jill Burstein）]。在 2021 年新加入的专家中，有 2 位专家的评分偏低（维特布鲁克和埃尔南德斯 – 奥拉洛），还有 2 位的评分偏高（格雷厄姆和科恩），另有一位专家的评分位于专家组总体评分的中部（巴加瓦图拉）。

灰条代表参加了两次评估的 6 位专家的平均评分，他们是戴维斯、福伯斯、格雷泽、霍布斯、鲁斯和斯波勒。他们的平均评分代表了在 2016 年和 2021 年评估中专家对人工智能的不同观点。

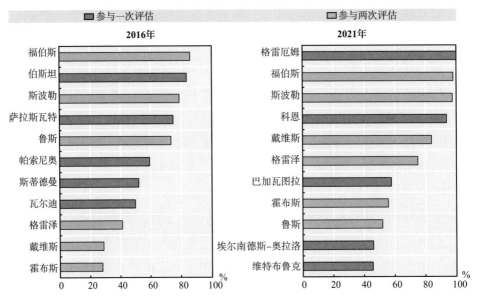

图 5.4　2016 年和 2021 年专家对阅读理解能力的平均评分

"是"和"否"的平均值，排除"可能"

来源：改编自 Elliott, S. (2017[11]), *Computers and the Future of Skill Demand*, https://doi.org/10.1787/9789264284395-en.

　　除了鲁斯之外，其他专家对 2021 年人工智能在阅读测试中的表现潜力都给予了高于 2016 年的评分。配对 t 检验显示，"个体内"评分显著增加（$t(5) = 2$; $p = 0.05$）。

　　在讨论中，鲁斯明确表示，他的评分下降原因在于他对评分工作的解释方式，而非对自然语言处理的技术状况的评价。具体来说，他假设 2021 年会有一个更通用的阅读系统，应该像人类一样灵活地执行阅读任务。正是因为他对待评系统抱有更高的期望，因此他在 2021 年给予了较低评分。

　　图 5.5 呈现的是基于参与过两次评估的 6 位专家的评分所得出的人工智能阅读理解能力统合评分。该结果与全体专家组得出的结果一致，显示随着时间的推移，人工智能在国际成人能力评估项目中的阅读表现有了相当大的提升。与全体专家组的评价相比，6 位专家在 2021 年的积极评价略多，在 2016 年的消极评价略多（见图 5.2）。在 2016 年，根据专家评分来估计，人工智能的阅读理解能力表现为：正确回答 63% 的水平 2 问题、33% 的水平 3 问题和 22%

的水平 4 及以上问题。到 2021 年，以上数字分别为 93%、76% 和 78%。总体而言，根据这 6 位专家的判断，人工智能在整个阅读理解能力测试中的表现提升了 37 个百分点，估计的正确率从 2016 年的 48% 提升到 2021 年的 85%。

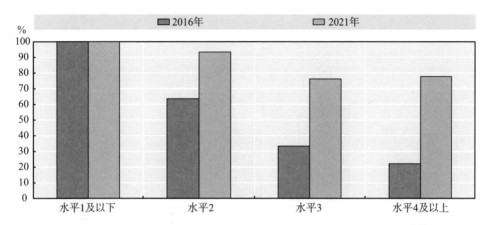

图 5.5 **根据参与两次评估的专家判断，2016 年和 2021 年人工智能的阅读理解能力**
根据简单多数专家的意见，人工智能能够正确解答的阅读问题比例；使用 "是 / 否" 评分，排除 "可能"

来源：改编自 Elliott, S. (2017[1]), *Computers and the Future of Skill Demand*, https://doi.org/10.1787/9789264284395-en.

比较专家在两次阅读理解能力评估中的意见一致性和确信度

对不同时期的人工智能能力进行有效比较，需要专家对每个时间点的人工智能技术状况建立充分的共识与确定性。本节考察了两次阅读理解能力评估中专家的意见一致性程度和不确定评价的普遍性，以对比 2016 年和 2021 年专家组评分的质量。

图 5.6 显示了在试点评估和追踪评估中对国际成人能力评估项目的阅读问题达成的一致的平均多数规模。例如，如果一项评估是由 10 位专家对 A 和 B 两个问题进行评分，假设 A 得到 6 个 "是" 和 4 个 "否"，B 得到 2 个 "是" 和 8 个 "否"，那么平均多数规模是 70%，即 A 问题上达成的 60% 多数一致和 B 问题上达成的 80% 多数一致的平均值。

在 2021 年，所有阅读问题的平均多数规模为 78%，接近 2016 年的 75%。这两次评估中，在最简单的问题上平均共识率最高，且该数值随着问题难度上升而逐渐下降。平均而言，在所有问题中，2021 年水平 2 和水平 3 问题的平均多数规模要高于 2016 年，而 2021 年水平 4 及以上问题的平均多数规模低于 2016 年。

虽然给出确信答案的专家达成了较高的共识度，但一些专家对许多阅读问题给出了不确定的评价。图 5.7 显示了不同难度的阅读问题中，收到 3 个或更多 "可能" 或 "不知道" 评价的问题比例。在 2016 年和 2021 年，收到不确定

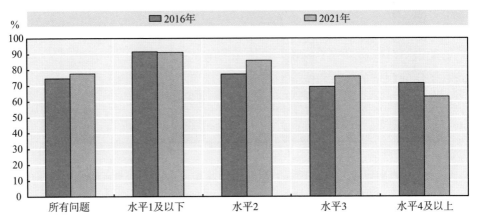

图 5.6　**2016 年和 2021 年阅读问题评估的平均多数规模**

按问题难度划分，对阅读问题的评估达成一致的平均多数规模

来源：改编自 Elliott, S. (2017[1]), *Computers and the Future of Skill Demand*, https://doi.org/10.1787/9789264284395-en.

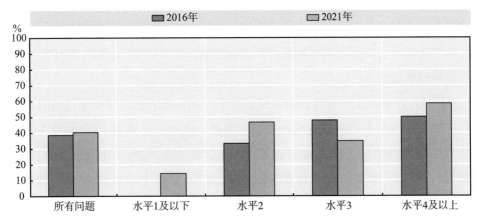

图 5.7　**2016 年和 2021 年获得 3 个或更多个不确定评价的阅读问题比例**

按问题难度划分，获得 3 个或 3 个以上 "可能" 或 "不知道" 评价的问题比例

来源：改编自 Elliott, S. (2017[1]), *Computers and the Future of Skill Demand*, https://doi.org/10.1787/9789264284395-en.

评价的问题比例都随着问题难度提高而上升。两次评估中的不确定程度是相似的，在 2016 年和 2021 年，所有阅读问题中均有约 40% 的问题得到了 3 个或更多个不确定评价。

对 2026 年人工智能阅读理解能力的预测

对人工智能的能力进行重复评估，有助于人们感知该技术的发展方向和发展速度。而获取人工智能的技术进展信息的另一种方式，是邀请专家预测其未来的能力。试点研究要求戴维斯、福伯斯和格雷泽 3 位专家对 2026 年人工智能在阅读问题上的表现潜力进行了评分。在追踪评估中，11 位专家都对 2026 年的情况进行了预测。结果如图 5.8 所示。

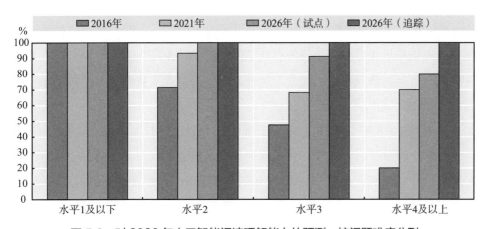

图 5.8　对 2026 年人工智能阅读理解能力的预测，按问题难度分列

根据简单多数专家的意见，人工智能能够正确解答的阅读问题比例；使用"是 / 否"评分，排除"可能"

来源：改编自 Elliott, S. (2017[1]), *Computers and the Future of Skill Demand*, https://doi.org/10.1787/9789264284395-en.

根据大多数专家的意见，到 2026 年，计算机在阅读方面的表现会有很大提升。最近的预测比 2016 年的预测更加乐观。在追踪评估中，专家预计到 2026 年人工智能将能解答所有阅读问题。试点研究中 3 位专家的预测表明，2026 年人工智能在水平 3 问题上的表现为 91%，在水平 4 及以上问题上的表现为 80%。

鉴于人工智能技术的快速发展，选取较短的时间跨度更有可能得出精确的预测。此外，专家们指出，他们在申请研究经费时经常会提供3—5年的预测。因此，他们更习惯采用较短时间跨度来考虑人工智能的进展。

人工智能数学推理能力的演进

追踪研究对人工智能数学推理能力的评价与试点研究略有不同。在为期两天的评价研讨会中，试点研究要求11位专家用国际成人能力评估项目中的每个数学问题对人工智能进行评分（Elliott, 2017[1]）。而追踪研究通过两轮评估搜集了15位专家的判断。在第一轮评估中，11位专家（其中6位参加了试点研究）就每个数学问题上当前人工智能的表现以及2026年的预期表现进行了评分。他们收到的评分说明与试点研究中使用的评分说明相同。在第二轮评估中，4位人工智能数学推理专家收到了更多关于国际成人能力评估项目测试的信息，并被要求构想一个处理所有数学问题的单一系统。随后，他们对每个数学题的现有技术表现进行了评分。此外，他们还对人工智能是否能在五年后执行整个数学测试提供了单独评分。

本节将2016年11位专家对人工智能能力的评分与参加追踪研究的15位专家的统合评分进行了比较。然后，通过分别查看试点研究、第一轮和第二轮追踪研究中的预测，提出了对2026年的预测评分。与阅读理解能力分析一样，追踪研究中专家的回答被归入"否"（0%和25%）、"可能"（50%）和"是"（75%和100%）三个类别，使其与试点评估可比（见图5.1）。

2016—2021年人工智能数学推理能力的演进

图5.9比较了试点评估和追踪评估中的人工智能数学推理能力评分，使用了只包含"是"和"否"的评分方式。[2]从图中可以看出，在所有难度等级上，人工智能数学推理能力的评分均有下降，在水平1及以下和水平2问题上，下降幅度较小；在水平3和水平4及以上问题上，分别下降19个和35个百分点。根据多数专家的意见，在两次评估之间，人工智能在整个数学测试中的表现下降了14个百分点。

图5.10采用的评分方式是将"可能"评价作为加权的"是"，得出了类似

的结果。当"可能"加入"是"评价时,在所有难度等级上,积极评价占多数的数学问题的比例都会增加。然而,人工智能数学推理能力在 2016 年和 2021 年的评估结果之间仍然存在差距:2021 年的能力评分低于 2016 年,特别是在较高难度等级上。

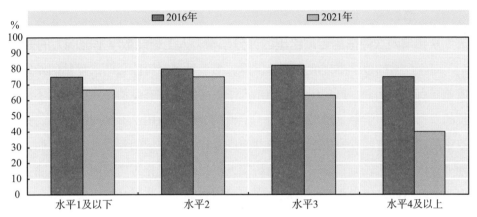

图 5.9 **2016 年和 2021 年的人工智能数学推理能力,按问题难度分列**

根据简单多数专家的意见,人工智能能够正确解答的数学问题比例;使用"是 / 否"评分,排除"可能"

来源:改编自 Elliott, S. (2017[1]), *Computers and the Future of Skill Demand*, https://doi.org/10.1787/9789264284395-en.

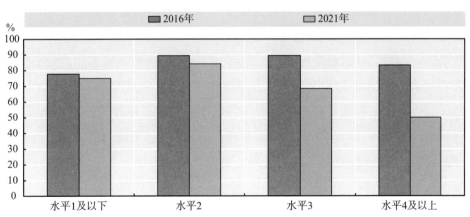

图 5.10 **2016 年和 2021 年的人工智能数学推理能力(将"可能"算作"50%—是")**

根据简单多数专家意见,按问题难度划分,人工智能能够正确解答的数学问题比例

来源:改编自 Elliott, S. (2017[1]), *Computers and the Future of Skill Demand*, https://doi.org/10.1787/9789264284395-en.

之所以造成这种反常的结果，部分原因在于专家对评分工作的不同理解。如第 4 章所述，追踪评估提示专家对一个假想的系统执行国际成人能力评估项目数学测试的能力进行评分。从专家的讨论来看，这导致一些专家假设了一个通用的人工智能系统，要求其像人类一样解决各种数学问题。这些专家给出的消极评价更多，因为目前的技术尚无法达到这种通用性。

从参与两次评估的专家给出的评分来看，人工智能数学推理能力的变化

对于反常的数学推理能力评分下降，另一种解释可能与两次评估的专家组成差异有关。例如，追踪研究可能纳入了更多持悲观态度的专家或具有不同专长的专家。为了解释这种潜在偏差，下面的分析只采用了参加两次评估的 6 位专家的评分。这些专家的意见可能并非完全代表该领域的专业观点。然而，这种"个体内"比较应该能够更好地解读人工智能的变化方向，因为它排除了两次评估的不同专家组成所带来的潜在混淆因素。

图 5.11 显示了所有完成试点评估和追踪评估的专家的个人平均评分。可以看出，专家在 2021 年的平均评分比 2016 年的平均评分差异性更大，且平均分更低。然而，双独立样本 t 检验显示这种差异并不显著（$t(24) = 0.89; p = 0.19$）。

观察参与两次评估的 6 位专家（灰条），可以看出其中 4 位专家在 2021 年对人工智能数学推理能力的评价高于 2016 年。他们是福伯斯（2016 年为 51%，2021 年为 98%）、斯波勒（91%、98%）、格雷泽（21%、59%）和戴维斯（19%、48%）。霍布斯在这两次评估中对人工智能数学推理能力的平均评分都很高（2016 年为 98%，2021 年为 95%）。另一位专家鲁斯，在 2021 年的评估中对人工智能在几乎所有数学问题中的表现都评价很低（2%），与他在 2016 年的评估（70%）相比大幅下降。他解释说，下降的原因是，他假设 2021 年被评价的系统应当达到较高的通用程度（另见上文）。配对 t 检验显示，这种"个体内"评分差异并不显著（$t(5) = 0.49; p = 0.65$）。

图 5.12 呈现的是根据完成这两项评估的 6 位专家的评分，2016 年和 2021 年人工智能数学推理能力的统合评分。与全体专家组的评分相比，这 6 位专家的评分表明，2016 年至 2021 年人工智能在数学推理能力测试中的表现潜力有所提高。根据 6 位专家的多数意见，在 2016 年，人工智能预计能够完成约

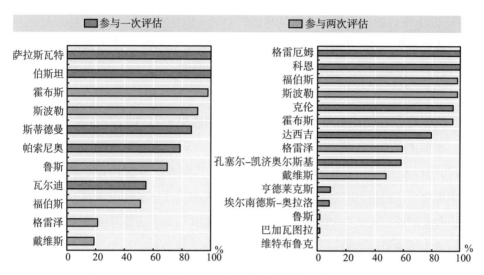

图 5.11　2016 年和 2021 年专家对数学推理能力的平均评分

"是"和"否"的平均值，排除"可能"

来源：改编自 Elliott, S. (2017[1]), *Computers and the Future of Skill Demand*, https://doi.org/10.1787/9789264284395-en.

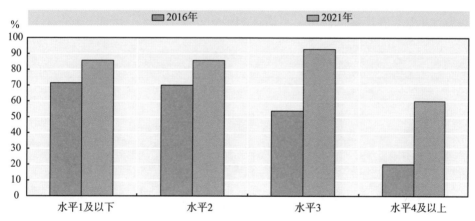

图 5.12　**根据参与两次评估的专家判断，2016 年和 2021 年人工智能的数学推理能力**

根据简单多数专家的意见，人工智能能够正确解答的数学问题比例；使用"是 / 否"评分，排除"可能"

来源：改编自 Elliott, S. (2017[1]), *Computers and the Future of Skill Demand*, https://doi.org/10.1787/9789264284395-en.

70% 的水平 2 及以下问题、54% 的水平 3 问题和 20% 的水平 4 及以上问题；而在 2021 年，相应的表现评分分别达到 86%、93% 和 60%。

这些结果表明，随着时间的推移，人工智能数学推理能力的变化很难确定，因为专家组所采取的评价标准不同，因此这些研究发现也并不稳健。

比较专家在两次数学推理能力评估中的意见一致性和确信度

如第 4 章所示，在 2021 年的评估中，专家对人工智能数学推理能力的评价存在分歧。出现了两个对立的专家阵营，其中 5 位专家在几乎所有数学问题中都给予了消极评价，而另外 4 位专家则大多给予了积极评价（见图 5.11）。这让专家们难以在人工智能的定量评价中达成共识。在下文中，我们将比较两次评估中的意见一致性以及专家对数学推理能力评分的确信度。这样可以确定分歧是主要来自追踪评估，还是源于数学推理能力评估的总体特点。

图 5.13 显示了在两次评估中专家们对国际成人能力评估项目的数学问题达成一致的平均多数规模。在人工智能数学推理能力的追踪评估中，针对所有问题，有 62% 的专家一致提供了或积极或消极的评价。在各种难度等级下，多数一致的比例是相似的。相比之下，在数学推理能力的试点研究中，专家评价的一致性更高。在所有问题中，平均有 74% 的专家给出了"可能"和"不知道"

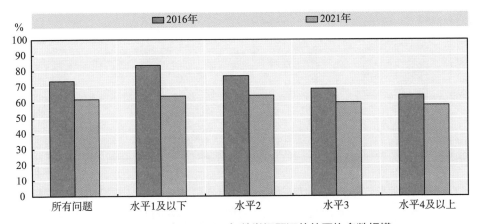

图 5.13　2016 年和 2021 年数学问题评估的平均多数规模

按问题难度划分，对数学问题的评估达成一致的平均多数规模

来源：改编自 Elliott, S. (2017[1]), *Computers and the Future of Skill Demand*, https://doi.org/10.1787/9789264284395-en.

以外的评价，构成了多数。这一比例在水平 1 及以下等级最高，为 84%，然后随问题难度等级的提高而逐渐下降，在水平 4 及以上等级降至 64%。

图 5.14 呈现了试点评估和追踪评估中不确定评价的普遍性。图中显示，在 2016 年大约有一半的数学问题得到了 3 个或更多个不确定评价。在追踪评估中，不确定性较低，只有 18% 的问题得到了 3 个或更多个不确定评价。不确定性随问题的难度而变化。在 2016 年，有不确定评价的问题在前三个难度等级中占比较大，在水平 4 及以上等级中占比较小。在追踪评估中，有不确定评价的问题在简单的问题中占比较高，在最难的问题中占比最低。

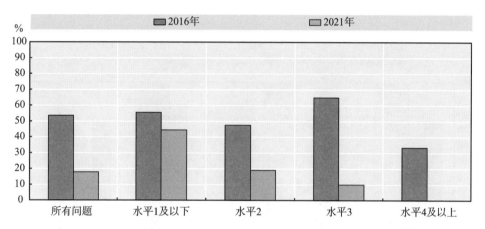

图 5.14　**2016 年和 2021 年获得 3 个或更多个不确定评价的数学问题比例**
按问题难度划分，获得 3 个或 3 个以上"可能"或"不知道"评价的问题比例

来源：改编自 Elliott, S. (2017[1]), *Computers and the Future of Skill Demand*, https://doi.org/10.1787/9789264284395-en.

总的来说，2016 年数学推理能力评估的特点是专家评价的共识度较高，与同年的阅读理解能力评估相似，而专家对评分的确信度较低。相比之下，在追踪评估中，专家对人工智能的数学推理能力提出了更多相对立的评价，但专家对评分的确信度更高。如第 4 章所述，追踪评估中所产生的分歧出于多种原因，包括对评分说明的不同理解，以及对所评价系统的不同假设。这可能致使专家们的意见一致性较 2016 年有所下降。

另一种解释可能与数学推理能力相关技术的发展有关。在 2016 年，大型语言模型尚未广泛应用于数学推理。关于人工智能在定量推理领域的能力，可用信息有限，这也可能造成了试点评估的不确定性，但也支持专家达成共识，因为他们在信息简明的问题上更容易达成共识。自 2016 年以来，这个研究领域不断扩大，与数学推理能力评价相关的信息更加丰富，可能导致了 2021 年的不确定性降低。然而，这可能也增加了分歧，因为在涉及许多新信息的问题上，专家更难达成一致。

对 2026 年人工智能数学推理能力的预测

图 5.15 将 2016 年和 2021 年的数学推理能力评分与专家对 2026 年的预测进行了比较。这有助于我们了解人工智能数学推理能力未来可能的发展趋势。

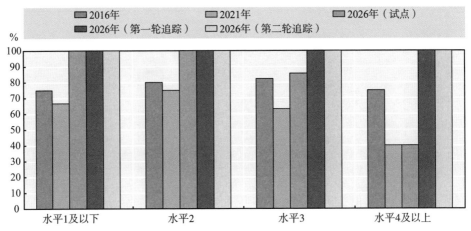

图 5.15 对 2026 年人工智能数学推理能力的预测，按问题难度分列

根据简单多数专家的意见，人工智能能够正确解答的数学问题比例；使用"是 / 否"评分，排除"可能"

来源：改编自 Elliott, S. (2017[1]), *Computers and the Future of Skill Demand*, https://doi.org/10.1787/9789264284395-en.

2016 年，3 位专家对 2026 年人工智能在数学测试中的表现潜力进行了评价，他们是戴维斯、福伯斯和格雷泽。如图 5.11 所示，他们在 2016 年对人工智能数学推理能力的怀疑程度最高。同样地，他们对人工智能在十年后的表现也表示怀疑，在水平 3 和水平 4 及以上问题上分别给出了 86% 和 40% 的评分。后者低于全体专家组对 2016 年人工智能数学推理能力的评分。

在追踪研究中，对人工智能数学推理能力进行第一轮评估的 11 位专家都对每道测试题进行了预测。根据多数原则得出的评分表明，2026 年人工智能在数学推理方面的正确率将达到 100%。完成第二轮评估的 4 位数学推理专家只对人工智能的未来表现提供了一个总体评分。这些评分也表明，到 2026 年人工智能在数学推理方面的正确率将达到 100%。

参考文献

Devlin, J. et al. (2018), "BERT: Pre-training of Deep Bidirectional Transformers for Language Understanding".　　　　　　　　　　　　　　　　　　　　　　[4]

Elliott, S. (2017), *Computers and the Future of Skill Demand*, Educational Research and Innovation, OECD Publishing, Paris, https://doi.org/10.1787/ 9789264284395-en.　　　　　　　　　　　　　　　　　　　　　　　　　　　　　　　[1]

Peters, M. et al. (2018), "Deep contextualized word representations".　　　　　　[2]

Radford, A. et al. (2018), *Improving Language Understanding by Generative Pre-Training*, https://s3-us-west-2.amazonaws.com/openai-assets/research-covers/languageunsupervised/language_understanding_paper.pdf (accessed on 1 February 2023).　　　　　　　　　　　　　　　　　　　　　　　　　　　　　　　　[3]

附录 5.A　补充插图

附录表 5.A.1　**第 5 章的在线插图列表（https://stat.link/uanq7b）**

插图编号	插图标题
图 A5.1	2016 年和 2021 年专家对人工智能阅读理解能力的平均意见和多数意见的比较
图 A5.2	2016 年和 2021 年专家对人工智能阅读理解能力的平均意见和多数意见的比较（将"可能"算作"50%—是"）

续表

插图编号	插图标题
图 A5.3	2016 年和 2021 年专家对人工智能数学推理能力的平均意见和多数意见的比较
图 A5.4	2016 年和 2021 年专家对人工智能数学推理能力的平均意见和多数意见的比较（将"可能"算作"50%—是"）

注释

1 本研究 2016 年报告的结果与埃利奥特（Elliott, 2017[1]）报告的结果不同，因为两份报告采用了不同方法来统合专家评分。埃利奥特（Elliott, 2017[1]）的试点研究提取专家对每个问题的评分平均值，然后在各个问题之间求平均，从而计算出阅读理解能力和数学推理能力的统合评分。这种评分方式的优点在于，能够反映所有专家对人工智能能力的意见。而追踪研究与之不同，根据大多数专家的评分，将每个问题归类为人工智能可以解决或人工智能不可解决，并估计可以解决的问题比例。这种统合方法忽略了少数人的意见。然而，得出的统合评分更容易解释，而且只依据达成多数一致的问题。附录 5.A 中的图 A5.1 和图 A5.2 提供了进一步的分析，比较了对两次评估按照 2016 年使用的统合规则得出的结果。结果显示，使用专家评分的平均值来衡量人工智能在国际成人能力评估项目上的表现，产生的结果与遵循多数规则的结果相似。在每个难度等级上，2021 年采用专家平均评分得出的结果均高于 2016 年的结果。在水平 4 及以上问题中，"平均"方法所得出的阅读能力增长幅度要小于"多数"方法所得出的结果。这可能与该等级的问题数量较少、分歧较大有关，导致了结果的任意性。

2 2016 年的数学推理能力评估结果与埃利奥特（Elliott, 2017[1]）报告的结果不同，因为他们依靠的是多数人的评分，而不是专家的平均评分（见注释 1）。附录 5.A 中的图 A5.3 和图 A5.4 显示了 2016 年和 2021 年按照埃利奥特（Elliott, 2017[1]）的做法，通过不同专家和问题的平均评分而获得的结果。与依靠专家多数评价得出的结果类似，依靠"平均"方法得出的结果显示2021年人工智能的数学推理表现低于2016年。然而，在水平3及以上问题上，"平均"方法所显示的降幅比"多数"方法显示的降幅要小。这些难度等级上的问题在两次评估中获得的"是"和"否"的比例类似。这导致使用"多数"方法所得出的结果存在任意性，因为人工智能能否正确回答这些问题往往只由一票之差决定。相比之下，"平均"方法在这些难度等级上产生了接近50%的评分结果，因为它把占比相同的"0%"和"100%"评价给折中了，忽略了这些评价反映的是分歧，而不是中等水平的人工智能能力。

6

人工智能能力演进
对就业和教育的启示

本章总结了人工智能阅读理解和数学推理能力的评估结果，并讨论了其政策影响。本章首先考虑发展计算机能力可能对就业构成的影响。为此，分析了阅读和数学技能在工作中的使用情况，以及日常使用这些技能的劳动者的能力水平。然后，讨论了人工智能发展对教育的影响。特别是，强调了在国民中发展人工智能技术所不能达到的技能的必要性。本章还强调了为劳动者提供数字技能等多样化技能的重要性，目的是帮助他们应对技术应用带来的职业变革。

前面几章描述了 2016 年和 2021 年利用专家评价与经合组织国际成人能力评估项目的成人技能调查测试来评估的人工智能的阅读理解和数学推理能力。本章总结了评估结果，并讨论了其政策启示。本章通过考察阅读和数学技能在工作中的应用，探讨发展计算机能力可能对就业造成的影响。本章还讨论了人工智能发展对教育的影响。其中，着重关注在国民中发展人工智能技术所不能达到的技能的必要性，以及培养人类技能多样化的重要性，从而使人类既有能力与人工智能竞争，也能与之合作。

本研究结果总结

本研究邀请 11 位计算机专家对人工智能解决国际成人能力评估项目阅读和数学测试问题的能力进行了评分，4 位人工智能数学推理专家从数学方面进行了追加评分，通过查看大多数专家对各个问题的意见，来评估人工智能在测试中的表现。

对当前人工智能阅读理解和数学推理能力的评估

根据大多数专家的意见，人工智能可以在国际成人能力评估项目的阅读测试中达到很高水平的表现。它能够解答大多数最简单的问题，典型的简单问题包括从短文本中找到信息、认识基本词汇。它还能够掌握很多较困难的问题，即理解修辞结构以及通读大段文本后再组织出答案（见第 4 章）。总体而言，人工智能有望解决 80%—83% 的阅读问题，具体结果取决于采用哪种多数原则计算专家的评分（见表 6.1）。

表 6.1 人工智能和成年人在国际成人能力评估项目中的表现

根据多数专家的评价，在国际成人能力评估项目中，人工智能能够正确解答的问题比例和不同能力水平的成年人正确解答问题的概率

	阅读理解能力	数学推理能力
人工智能评分		
是 / 否评分	80%	66%
加权评分	81%	67%

续表

	阅读理解能力	数学推理能力
"可能"加权评分	83%	73%
人工智能评分的特征		
意见一致性	平均多数规模 78%	平均多数规模 62%
不确定性	"可能 / 不知道"回答比例 20%	"可能 / 不知道"回答比例 12%
成年人的表现		
成年人的平均水平	50%	57%
水平 2 成年人	41%	52%
水平 3 成年人	67%	74%
水平 4 成年人	86%	90%

来 源：OECD (2012[1]，2015[2]，2018[3])，*Survey of Adult Skills (PIAAC) databases,* http://www.oecd. org/skills/piaac/publicdataandanalysis/（访问日期：2023 年 1 月 23 日）.

专家们对这一评价达成了高度共识。根据专家组对于人工智能能否解决国际成人能力评估项目的每个阅读问题的判断，所有问题平均得到了 78% 的专家支持（见表 6.1）。然而，许多专家回答未被纳入专家组的答复，这些回答是"可能"或"不知道"评价，因为它们在测评的潜在结果中提供的信息量较小。它们在阅读理解能力评价中占 20%（见表 6.1）。

第 4 章所做的分析将人工智能的阅读表现与不同水平的成年人的表现进行了比较。国际成人能力评估项目评估的是从低至高的多个水平（水平 1 及以下为低，水平 4 至 5 为高）相应的阅读理解和数学推理能力。处于某一能力水平的应答者有 67% 的机会正确完成该水平的问题，在较低难度上正确的可能性较高，在较高难度上正确的可能性较低（见第 3 章）。

根据专家的评价，在阅读方面，人工智能在所有难度等级上均能表现出与成年人水平 3 相当或更好的能力（见第 4 章图 4.6）。这也体现在人工智能在阅读测试中的总体正确率上，估计为 80%，介于成年人水平 3 和水平 4 之间（见表 6.1）。这表明，人工智能在国际成人能力评估项目阅读测试中的表现有可能超过很大一部分成年人。在参与国际成人能力评估项目的所有经合组织成员中，平均而言，35% 的成年人处于水平 3，54% 的成年人低于该水平，只有 10% 的成年人的阅读表现优于水平 3（OECD, 2019, p. 44[4]）。

根据完成数学推理能力评价的 15 位专家的意见，人工智能在数学推理方面的表现较差。根据专家的多数投票，人工智能可以解答国际成人能力评估项目中大约三分之二的低难度和中等难度数学问题，以及不到一半的高难度问题（见第 4 章）。这意味着，整个数学测试的总体正确率为 66%—73%，具体取决于统合评分的方式（见表 6.1）。

人工智能在数学推理方面的估计正确率超过了水平 2 成年人（见表 6.1）。然而，如第 4 章所示，人工智能在每个难度等级上均无法超过成年人。根据大多数专家的意见，人工智能在水平 1 及以下问题上的表现与表现不佳的成年人相似。在水平 2 问题上，估计与水平 2 成年人的表现接近。在水平 3 及以上问题上，专家对人工智能的表现预期与水平 3 成年人的表现相当。

考虑到专家在数学推理能力评价上的高度分歧，对这些结果也应谨慎解释。在所有专家中，出现了两个意见相反的阵营：有 5 位专家对人工智能在大多数数学问题上的表现潜力评价较低，另有 5 位专家则认为人工智能可以解答大多数数学问题。因此，略占上风的专家判断决定了专家组对人工智能数学推理能力的评价。平均来说，在所有问题中，关于人工智能能力的多数意见得到了 62% 的专家支持（见表 6.1）。这可能会导致所得出的结果存在任意性，因为人工智能在这些问题上的能力通常只由一票之差决定。

专家之间出现分歧的部分原因在于，专家对被评价的人工智能能力普遍存在模糊认识。有的专家构想的是狭义人工智能，只能解决国际成人能力评估项目中的一部分问题。其他人则构想的是通用人工智能系统，可以进行数学推理并同时处理所有类型的数学题，包括测试以外的问题。这些考虑影响了专家的评价，导致第二类专家的评分低于第一类专家评分。然而，小组讨论显示，这种评分分歧的背后也存在很多共识。两类专家似乎都认为可以通过开发一些专用人工智能解决方案来执行该测试，而目前的技术仍无法建成具有通用数学能力的人工智能系统。

人工智能阅读理解和数学推理能力的演进

本研究接续 2016 年进行的国际成人能力评估项目人工智能能力试点评估
（Elliott, 2017[5]）。该试点研究要求 11 位计算机科学家就人工智能在国际成人
能力评估项目的阅读理解能力、数学推理能力和问题解决测试中的表现进行评
分。本追踪研究中使用的评估方法与试点研究的评估方法类似。

两次评估的比较显示，自 2016 年以来，人工智能的阅读理解能力有了很
大提升（见图 6.1）。在 2016 年，专家的评价结果显示人工智能在阅读测试
中的潜在正确率为 55%。相比之下，2021 年的专家预计人工智能可以正确解
答 80% 的测试问题。第 5 章表明，人工智能的阅读理解能力预计在所有问题
难度等级上都有所提升：在水平 2 上，从 71% 提高至 93%；在水平 3 上，从
48% 提高至 68%；在水平 4—5 上，从 20% 提高至 70%；而在水平 1 及以下
问题上，成绩保持在 100%。

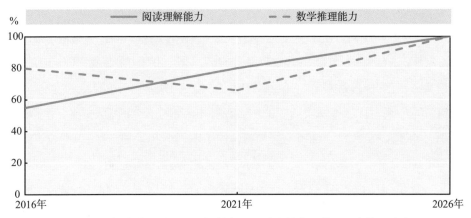

图 6.1 **根据专家评价，人工智能在国际成人能力评估项目中的正确率**
根据大多数专家的意见，目前的人工智能和 2026 年的人工智能能够正确回答的国际成人能力
评估项目问题比例

这些结果反映了试点评估以来人工智能技术的发展。在 2018 年，大型预
训练语言模型的引入大大推动了自然语言处理技术水平的提升。这些模型在大
型数据语料库上进行一次训练，然后作为基础模型，用于开发特定任务和特定
领域的自然语言处理系统。它们的成功在于使用了大量训练数据，以及应用了
先进架构，如转换模型（Russell & Norvig, 2021[6]）。后者允许模型捕捉较长段

落中的关系，并在语境中"学习"单词的词义。

根据这些技术进展，以及对自然语言处理（见专栏 6.1）的重金投入和研究，专家们断言，人工智能的阅读理解能力还会继续增强。他们预计，到 2026 年，人工智能将能够解决国际成人能力评估项目中的所有阅读问题。

数学推理能力评估的结果有些出人意料——人工智能的数学推理能力随着时间的推移不断下降（见图 6.1）。这种结果可能与方法有关系，即该领域的专家之间存在分歧，或者专家对评分工作有不同的理解。另一个原因可能在于，在试点评估时，关于人工智能在国际成人能力评估项目等问题上的数学推理能力的研究范围较为狭窄。信息的缺乏可能导致专家在 2016 年高估了人工智能在数学测试中的表现。

专栏 6.1　以 ChatGPT 为例说明人工智能的阅读理解能力

2022 年 11 月，在 11 位核心专家完成在线评估大约一年后，4 位数学推理专家重新评价人工智能数学推理能力三个月后，ChatGPT 正式发布。ChatGPT 是著名人工智能研究实验室 OpenAI 开发的一款人工智能聊天机器人。它能够回答各种问题，并以类似人类的方式进行互动，这引起了公众的极大关注。除了模仿人类对话之外，ChatGPT 还能执行各种任务，如创作诗歌、音乐和论文，编写和调试代码。它首次向广大公众展示了最先进的语言模型能做什么。

ChatGPT 以 GPT-3 升级版为基础，该模型是专家在评价人工智能能力时经常考虑的模型。GPT-3 以自我监督的方式"学习"语言，根据上下文来预测句子中的标记。相比之下，ChatGPT 建立在 GPT-3.5 系列的 InstructGPT 模型之上，这些模型通过人类反馈来强化学习，以训练其遵循指令。具体来说，就是使用包含所需输出行为的人类书面演示的数据对 GPT-3 进行微调。随后，把由人类训练师排序的备选反应交给模型。这些排序作为奖励信号，可训练模型学会预测人类更喜欢哪些输出。这样该模型便能更好地遵循用户的意图（Ouyang et al., 2022[7]）。

然而，该模型仍然存在重大局限。它可以产生一些看似合理但并不正确的回应（OpenAI, 2023[8]）。它还会产生一些不良或存在偏见的内容，尽管训练师已经训练其拒绝有害或不当请求，但它还会对这些指令做出反应。此外，面对不完整的提问，该模型时常无法通过提问来进一步澄清。

与专家的讨论表明，人工智能的数学推理能力在 2016—2021 年可能没有变化。在此期间，从需要常识性知识并以语言或图像形式表达的任务中构建数学模型的研究较少受到关注。来自企业的兴趣和投资也主要限于数学推理的特定领域，如验证软件。

不过，这种情况最近已经开始改变。2021 年，人工智能数学推理的基准发布（Hendrycks et al., 2021[9]; Cobbe et al., 2021[10]）。这使得研究人员在解决各种数学问题的同时可以训练和测试模型。此外，处理不同信息格式的多模态模型也受到了更多关注（Lindström & Abraham, 2022[11]）。这些模型对于解决国际成人能力评估项目中包含的各类数学问题特别有意义，因为这些问题使用了图像、图形、表格和文本等多种格式。鉴于这些趋势，专家预计到 2026 年，人工智能在数学推理方面将迎来很大进步，并可以解决国际成人能力评估项目的所有数学问题（见图 6.1）。

总之，专家估计人工智能的阅读理解能力在 2016—2021 年提升了 25 个百分点，预计到 2026 年还将提升 20 个百分点。在 2016—2021 年，人工智能在国际成人能力评估项目数学测试中的表现可能不会发生太大变化。不过专家预计，到 2026 年，它将达到一个新的高度。相比之下，成年人阅读和数学技能的进步要慢得多（见第 2 章）。在 20 世纪 90 年代到 21 世纪 10 年代的 13—18 年间，19 个国家和经济体的成年人口和劳动人口的阅读技能分布总体变化不大。7 个国家的 5—9 年间成年人口和劳动人口的数学能力的变化也不大。

人工智能阅读理解和数学推理能力演进的政策启示

人工智能在关键技能领域的能力不断发展，引发了人工智能是否会取代人类劳动者，以及这将对教育系统产生什么影响的问题。在讨论这些问题之前，应该讨论本分析在归纳明确的政策结论方面的一些局限性。

第一，本分析重点关注的是人工智能的技术能力，而不是人工智能在经济中的部署。随着人工智能技术在自然语言处理和数学推理领域不断发展，它是否会被工作场所采用，又将以何种方式被采用，取决于多种因素。其中就包括技术成本、资本投入、监管和社会接受度（Manyika et al., 2017[12]）。

第二，本研究只评估了人工智能在阅读和数学这两个技能领域的能力。然而，劳动者在完成职业中的各种任务时会用到许多种技能。因此，要确定人工智能对就业的确切影响，就需要对在工作场所使用到的所有技能进行评估。

第三，比较人工智能和人类在国际成人能力评估项目中的表现，并不意味着人工智能可以像成年人一样灵活地执行各种日常阅读和数学任务，并达到相应的熟练程度。事实上，一些专家批评说，应用于人工智能的教育测验不一定能捕捉到通用的潜在技能——这种技能可以支持人工智能执行广泛的类似任务，就像人类应用这种技能执行任务一样。然而，这种过度拟合问题是所有人工智能能力测试的通病。本研究尽可能详细地向专家说明了国际成人能力评估项目应该测评的基本技能，以减少过度拟合风险（见第 3 章）。

尽管本分析存在局限性，但足可以得出结论，即本书所阐述的人工智能能力的快速发展将对就业产生重要影响，阅读和数学能力较低的劳动者受到的就业影响尤为严重。这也可能反过来影响教育系统，因为人们将更加期望教育系统为其提供在数字化经济中所需的工作技能。

人工智能对就业的影响

不断发展的人工智能将如何影响就业，不仅取决于人工智能能力与人类技能的比较，还取决于技能在经济中的应用方式。如果人工智能能够实现经济中需求量大的那些技能，那么它将大大影响就业市场对劳动者的需求。本研究之所以选择用国际成人能力评估项目来评价人工智能的能力，是因为这项测试可以测评关键的信息处理能力，而这些能力正是人们在工作中不可或缺的。

图 6.2 显示，70% 的劳动者每天在工作中要用到阅读技能。如果这些劳动者的阅读理解能力与计算机相当，或低于计算机的阅读理解能力，他们就会受到人工智能能力进步的影响。根据计算机专家的说法，人工智能在阅读理

解方面的表现已经超过了国际成人能力评估项目中的能力水平 3。大约有 27%
的劳动者每天使用水平 3 的阅读理解能力。另有 32% 的劳动者每天都在执行
阅读任务，但阅读理解能力低于水平 3。把他们加总起来，人工智能可能影响
59% 的劳动力的阅读相关任务。

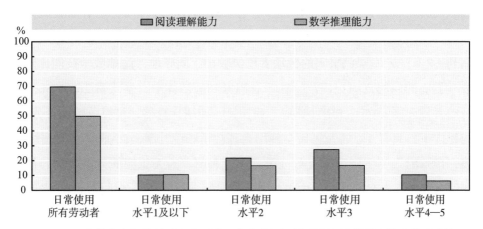

图 6.2　**不同能力水平的劳动者在日常工作中使用阅读理解和数学推理能力的百分比**
占所有劳动者的百分比

注：阅读理解能力的使用包括阅读书籍，专业期刊或出版物，手册或参考资料，图表、地
图或示意图，财务报表，报纸或杂志，指示或说明，信件、备忘录或邮件。数学推理能力的使用
包括使用高等数学或统计学技能，制作图表、图形或表格，使用简单代数或公式，计算成本或预
算，使用或计算分数或百分比，使用计算器。柱形图显示了报告每天在工作中至少进行其中一项
操作的劳动者比例。

来源：OECD(2012[1]，2015[2]，2018[3])，*Survey of Adult Skills (PIAAC) databases*,http://www.
oecd.org/skills/piaac/publicdataandanalysis/(访问日期：2023 年 1 月 23 日).

同样如图 6.2 所示，50% 的劳动者每天会在工作中执行数学任务。根据专
家评价，在解答国际成人能力评估项目的问题时，人工智能表现出的数学推理
能力超过成年人能力水平 2；而在解答部分问题时，人工智能接近成年人水平
3。在 39 个国家和经济体中，平均有 27% 的劳动者每天使用的数学推理能力
达到或低于水平 2。有 44% 的劳动者使用的数学推理能力不高于水平 3。如果
数学任务构成了这些劳动者日常工作的很大一部分，那么人工智能会对他们的
就业产生负面影响。

人工智能对就业的影响还取决于工作任务的难度。正如本研究显示，人工
智能在对人类来说较为轻松的阅读和数学任务上表现较好，而在对人类来说比

较困难的任务上表现较差。因此，人工智能更有可能影响从事低难度任务的劳动者，这与他们的技能熟练水平无关。

图 6.3 表明，在工作中执行低难度任务的劳动者多于执行高难度任务的劳动者。平均而言，在参与国际成人能力评估项目的 39 个国家和经济体中，有 52% 的劳动者每天需要阅读信件、备忘录或邮件，37% 的劳动者需要阅读指示和说明，22% 的劳动者需要阅读报纸和杂志。每天阅读较长文本，如专业期刊（8%）或书籍（8%）的劳动者比例较小。同样地，简单数学技能比复杂数学技能的应用范围更广泛。在所有国家和经济体中，平均有 26%—38% 的劳动者每天需要在工作中计算成本或预算，使用计算器，计算分数或百分比。相比之下，只有 3% 的人每天会使用高等数学和统计学，8% 的人需要准备图表，17% 的人要使用简单代数或公式。这表明，对人工智能来说较为容易的阅读和数学任务在经济活动中更为普遍，尽管人类劳动者在执行这些任务时可能比计算机更熟练。

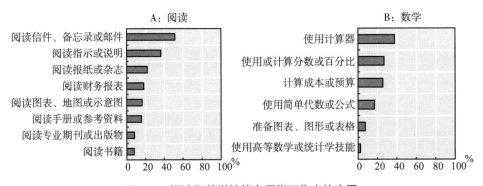

图 6.3 阅读和数学技能在日常工作中的应用

报告每天进行某种操作的劳动者比例

来源：OECD (2012[1]，2015[2]，2018[3])，*Survey of Adult Skills (PIAAC) databases*,http://www.oecd.org/skills/piaac/publicdataandanalysis/(访问日期：2023 年 1 月 23 日).

工作任务是否有可能借助人工智能实现进一步的自动化，取决于工作所需的技能组合。涉及多种技能的工作更不容易受到自动化的影响，因为人工智能不太可能同时实现劳动者的多种不同技能。即便人工智能近乎可以实现一套丰富的技能要求中的某几项技能，完成工作任务仍然需要劳动者所掌握的其他技能。相比之下，在工作中只集中使用一种或几种技能的劳动者，可以被具有相应能力的机器完全取代。

除了阅读和数学技能之外，国际成人能力评估项目的成人技能调查测试还收集了关于工作中各种实践能力的信息（OECD, 2013[13]）。例如，撰写文件的频率，解决复杂问题，使用计算机开展工作，指导、教学或培训。图6.4 基于这些信息，探讨了劳动者在工作中如何将阅读和数学与以下基础技能结合起来：写作、数字化技能、解决问题、在工作中学习、影响力、合作技能、组织技能和身体技能。[1] 尽管这些技能并没有涵盖工作中可能使用的所有技能，但使我们能够管窥劳动者在工作中如何协同使用多种技能。

图6.4 显示了每天不使用阅读或数学技能的劳动者比例，以及每天单独使用或与其他基础技能结合使用这些技能的劳动者比例。结果显示，在日常使用阅读和数学技能的劳动者中，在工作中使用多样化技能组合的比例最高。在所有参与国际成人能力评估项目的国家和经济体中，平均有36%的劳动者在日常工作中将阅读技能与至少5种其他基础技能结合使用，有29%的劳动者将数学技能与至少5种其他基础技能结合使用。相比之下，只有不到1%的劳动

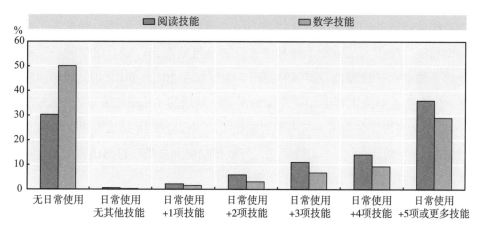

图6.4   日常工作中，阅读和数学技能与其他技能的结合使用

占所有劳动者的百分比

注：日常使用阅读和数学以及以下技能：写作、数字化技能、解决问题、在工作中学习、影响力、合作技能、组织技能和身体技能。参见本章注释1。

来源：OECD (2012[1]，2015[2]，2018[3]), *Survey of Adult Skills (PIAAC) databases*,http://www.oecd.org/skills/piaac/publicdataandanalysis/(访问日期：2023 年 1 月 23 日).

者每天只使用阅读或数学技能，不会使用其他基础技能。然而，也有一些劳动者将阅读和数学技能与有限的几种其他技能结合起来，分别有 20% 和 12% 的劳动者在工作中将阅读技能和数学技能与最多 3 种其他技能结合使用。

上述结果表明，人工智能在阅读和数学方面的进步会对就业产生负面影响，因为阅读和数学技能在工作中有广泛应用。对于在这两项技能上熟练程度低于机器的劳动者来说，这种影响尤其迫切，因为他们从事的是人工智能可以执行的简单任务，或者只在工作中集中使用个别技能。这些劳动者在劳动力中占据了相当大的比例。

然而，人工智能可能以不影响劳动力总需求的方式改变工作的性质。一个普遍的经济学观点是，鉴于人工智能带来的生产力提高，长远来看它对就业的影响可能是积极的。人工智能有望通过比人类劳动者更快、更准确地完成特定任务来提高企业的生产力。这将使人类有更多时间专注于更重要的任务，包括创造、管理或批判性思考。反过来，公司将能够以更低的成本生产更多产品。预计市场对产品的需求将随着成本的降低而上升。这将增进采用人工智能的公司以及价值链上的其他公司对劳动力的需求（OECD, 2019[14]）。

此外，人工智能预计将创造对新任务的需求——与在工作场所调试和使用机器相关的任务。未来，企业将需要更多劳动者来生产数据、开发人工智能应用程序、操作人工智能系统和分析这些系统的产出。经合组织的一项研究分析了加拿大、新加坡、英国和美国 4 个国家在 2012—2018 年的招聘启事数据，发现企业对人工智能相关技能的需求不断增加（Squicciarini & Nachtigall, 2021[15]）。例如，在美国，与人工智能相关的职位空缺从 2012 年的约 2 万个增加到 2018 年的近 15 万个。特别是，与数据挖掘和分类、自然语言处理、深度学习相关的技能更常出现在线上招聘广告中。

人工智能还可以促成新产品和新服务的创造，诞生全新的职业和行业。这项技术被誉为"创造了发明的方法"（Cockburn, Henderson & Stern, 2018[16]）。这意味着它有望以前所未有的速度加速创新的进程。人工智能之所以成为创新的引擎，是因为它具有广泛的适用性——它的学习算法在各种部门和职业中有许多潜在的新用途。而且，科学中也越来越多地使用人工智能来提出假设，搜索信息和建立系统化信息，或识别高维数据中的隐藏规律（Bianchini, Müller &

Pelletier, 2022[17]）。这可以促进科学发现和新奇事物的创造。

不断进步的人工智能将如何重塑工作以及技能需求？这个问题有待我们去解答。可以肯定的是，劳动者需要新的技能来满足未来的技能需求——支持他们与人工智能竞争及合作的技能。这就引出了一个问题：教育如何帮助人类面向未来做好准备？

人工智能对教育的影响

技术变革给教育系统带来了压力，要求其为经济提供具备适当技能的劳动力。有鉴于此，教育或许将尝试提升劳动力的技能水平，使其超出计算机的技能水平。在阅读和数学领域，这意味着将劳动者提升至水平 4 和水平 5。达到这种能力水平后，劳动者能够理解、解释和批判性地评价复杂文本和多种类型的数学信息。发展这种技能不仅意味着在阅读和数学任务中超越人工智能的能力，更重要的是，强大的阅读和数学技能为发展其他高阶技能奠定了基础，如分析推理和学习的能力。它们还有助于获取新知识和专业技术（OECD, 2013[13]）。

第 2 章表明，在过去的几十年间，劳动人口的基础技能并没有发生实质性变化。当然，未来为提高劳动者的阅读和数学技能所做的努力可能会更加成功。尤其是高水平成年人在劳动力中占比很高的国家，可以作为良好实践的范例。其他国家可以与这些表现出色的国家进行比较，以提炼形成性经验，借鉴富有前景的政策，增加其技能储备。

图 6.5 显示了参加国际成人能力评估项目的 39 个国家和经济体中，阅读理解和数学推理能力达到水平 4—5 的劳动者比例。芬兰是阅读方面排名第一的国家，该国有 25% 的成年人达到了水平 4—5，其次是日本（24%）和荷兰（21%）。在数学推理能力方面，芬兰、瑞典和比利时这三个排名靠前的国家有 21%—22% 的劳动者达到水平 4—5。这表明，即使在当前排名最高的国家，阅读和数学技能超过人工智能的劳动力也没有超过四分之一。对于表现中等的国家来说，这些比例要小得多，新加坡只有 10% 的劳动者达到水平 4—5 的阅读理解能力，立陶宛只有 12% 的劳动者达到水平 4—5 的数学推理能力。这些国家必须将达到高水平阅读理解和数学推理能力的劳动者比例提高一倍，才能达到表现最佳的国家的水平。

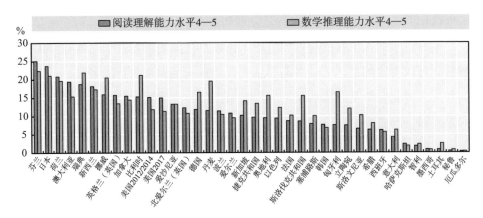

图 6.5　达到高水平阅读理解和数学推理能力的劳动者比例

来源：OECD（2012[1]，2015[2]，2018[3]，*Survey of Adult Skills (PIAAC) databases*,http://www.oecd.org/skills/piaac/publicdataandanalysis/（访问日期：2023 年 1 月 23 日）.

　　教育供给方的另一个目标可能是激发人们提高那些人工智能难以掌握的基础技能。如第 3 章所示，阅读理解和数学推理是复杂的技能结构。例如，阅读理解涉及三种认知策略。个体应该有能力获取与识别信息；整合与解释文本各部分之间的关系，如问题与解决方案的关系或原因与效果的关系；以及利用自己的知识或想法对文本中的信息进行评价与反思（OECD, 2012[18]）。如图 6.6 所示，并非所有这些子技能对人工智能来说都是容易的。根据专家的评价，人工智能有望解决 94% 的需要获取与识别信息的问题，以及 71% 的涉及整合与解释文本中关系的问题。在需要评价与反思的问题上，其预期表现更低，为 44%。

　　这些发现反映了人工智能的技术发展。如第 2 章所示，当前最先进的人工智能系统在答题任务上表现出色，例如斯坦福问答数据集（Rajpurkar et al., 2016[19]；Rajpurkar, Jia & Liang, 2018[20]）和通用语言理解评估基准（Wang et al., 2018[21]；Wang et al., 2019[22]）。这些基准用来测试人工智能系统通过获取与识别包含正确答案的信息来回答与文本相关问题的能力。自然语言推理方面也取得了进展（Storks, Gao & Chai, 2019[23]）。这是"理解"句子之间关系的任务，与国际成人能力评估项目中的"整合与解释"任务接近。相比之下，人工智能在需要逻辑推理和常识的语言任务上仍然很吃力（Yu et al., 2020[24]）。这解释了为什么在需要对文本进行评价与反思的国际成人能力评估项目问题上，专家评分很低。

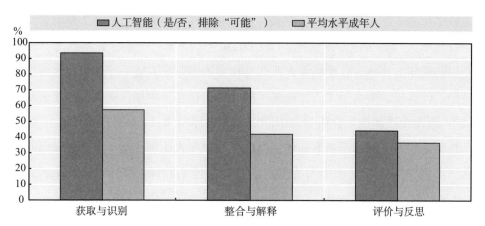

图 6.6　**按照国际成人能力评估项目问题所需的认知策略，对比人工智能的阅读理解能力与成年人的平均水平**

根据多数专家的评价，人工智能能够正确解答的阅读问题比例，与平均水平的成年人正确解答问题的概率相比较

来源：OECD (2012[1]，2015[2]，2018[3]), *Survey of Adult Skills (PIAAC) databases*,http://www.oecd.org/skills/piaac/publicdataandanalysis/(访问日期：2023 年 1 月 23 日)。

　　然而，对文本信息进行评价与反思的任务，对人类来说同样更具挑战性。在国际成人能力评估项目中，一个平均水平的应答者正确回答这类问题的概率为 37%；而在需要"获取与识别"认知策略的问题上，正确的概率为 57%；在涉及"整合与解释"认知策略的问题上，正确的概率为 43%。加强人们对文本的评价与反思能力，不仅仅会给他们带来超越机器的优势，也将帮助他们应对数字时代的信息过载，并在假新闻和错误信息蔓延的背景下学会确定信息来源的准确性和可信度。

　　在图 6.1 中，对 2026 年的预测表明，人工智能系统可能很快就能完成国际成人能力评估项目中的全部阅读和数学任务。如果真是如此，那么教育的目标可能需要发生实质性改变。有了能力更强的系统，即使人类在阅读和数学方面达到纯熟的水平，可能也无法与人工智能相竞争。在这种情况下，更合理的预期或许是：成年人开始习惯于与人工智能系统合作执行阅读和数学任务。他们可能会在人工智能系统的帮助下更有效地执行任务，而不单单靠自己的力量。因此，教育的重点可能需要转向教导学生如何有效地利用人工智能系统。

　　教育系统也应致力于加强个人的数字化技能。这些技能将帮助个人满足日益数字化的工作场所的需求，并抓住技术进步带来的机会。图 6.7 显示了两个用以指示人口数字能力的指标（OECD, 2019[25]）。第一个指标是不熟悉计算机使用的成年人比例。这些成年人要么是在参加国际成人能力评估项目之前没有使用过计算机，要么是无法完成基本的计算机任务（例如，使用鼠标或滑动网页），因此无法使用计算机参加国际成人能力评估项目（OECD, 2019[4]）。第二个指标是以多样化和复杂方式使用互联网的成年人比例，基于经合组织以前对欧洲共同体关于家庭和个人使用信息与通信技术的调查 [European Community Survey on Information and Communication Technologies (ICT) Usage in Households

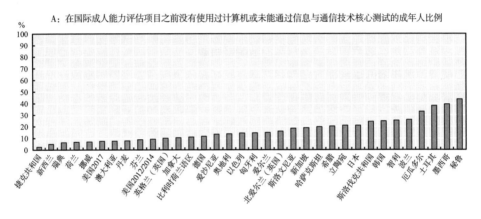

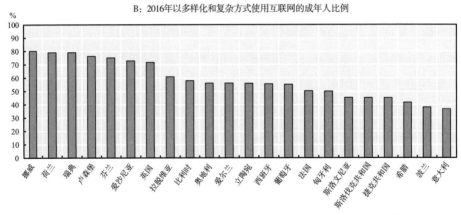

图 6.7　成年人的数字技能

来源：改编自 OECD (2019[4]), *Skills Matter: Additional Results from the Survey of Adult Skills,* Figure 2.15,https://doi.org/10.1787/1f029d8f-en, 以及 OECD (2019[25]), *OECD Skills Outlook 2019: Thriving in a Digital World*, Figure 4.16, https://doi.org/10.1787/df80bc12-en.

and by Individuals] 的数据分析，涵盖的国家较少（OECD, 2019[25]）。

这两项指标在各国之间差异很大。在数据可得的国家和地区中，挪威、荷兰和瑞典约有 80% 的人口掌握了以多样化和复杂方式使用互联网的技能（见图 6.7B）。在这 3 个国家，以及新西兰和捷克共和国，只有不到 7% 的人口不会使用计算机（见图 6.7A）。相比之下，在希腊和波兰，约有 40% 的人口可以进行许多复杂的在线活动，分别有五分之一和四分之一的人完全不会使用计算机。在秘鲁，不会使用计算机的成年人比例超过 40%。后面这些国家必须提高大部分成年人的技能，以满足技术变革带来的技能需求。同样可能发生的是，这些国家由于缺乏数字化技能，减缓了新技术在其经济活动中的传播。这可能对国家的竞争力、生产力、创新以及最终对就业产生负面影响。

图 6.7 所示的成年人当前具备的信息与通信技能反映了过去 40 年的巨大转变。虽然没有正式数据，但在计算机、互联网和智能手机尚未被广泛采用的1980 年，所有国家的大多数成年人可能都无法通过国际成人能力评估项目的信息与通信技术核心测试。他们也可能根本用不到早期的互联网。

如上所述，在工作中使用多样化技能可以保护劳动者免受自动化的影响。因此，教育系统的目标应该是让人们掌握全面的技能。这将使人们能够适应技术可能给职业带来的变化。由于多样化的技能可适应不同的工作环境，这也将使他们更容易获得从事不同职业的机会。'

图 6.8 显示了在阅读、数学以及在技术条件丰富的环境中解决问题这三个关键领域拥有扎实技能的成年劳动者的比例。[2] 具体而言，该图显示了阅读和数学能力达到水平 3 或以上，问题解决能力达到水平 2 或以上的劳动者比例（OECD, 2019[25]）。在荷兰，在这三个领域都具有较强技能的成年劳动者比例最高，达到 42%。然而，在 9 个参与调查的国家中，具有均衡技能组合的劳动者比例低于 20%。

总而言之，人工智能在关键认知技能方面的进步可能会对教育构成挑战。许多国家和地区的教育系统需要首先提高大部分人口的技能，以帮助他们跟上人工智能在阅读和数学方面的能力提升。随着人工智能在认知领域的能力不断提高，教育系统可能需要从根本上改变方法，更多地关注如何与具有高水平阅读和数学技能的强人工智能系统合作。此外，人们将越来越期待通过教育来加

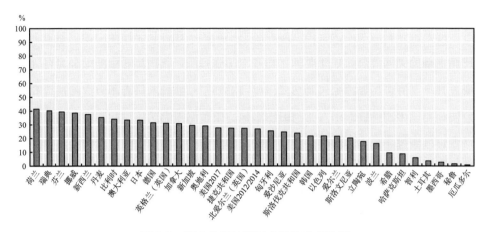

图 6.8　拥有均衡技能组合的劳动者比例

具备水平 3 及以上阅读和数学能力，以及水平 2 及以上在技术条件丰富的环境中解决问题的
能力的劳动者比例

来源：OECD (2012[1]，2015[2]，2018[3])，*Survey of Adult Skills (PIAAC) databases*,http://www.
oecd.org/skills/piaac/publicdataandanalysis/(访问日期：2023 年 1 月 23 日).

强许多其他技能，包括数字化技能，以发展强大而多样化的技能组合。这样的
技能组合可以帮助人们规避风险，从人工智能革命的机遇中受益。

评估人工智能的一种新方法

　　本研究提供了一个实例，说明人工智能在阅读理解和数学推理这两个人类
关键认知技能领域的能力有了怎样的提升。选择这两种技能是因为它们在工作
和日常生活中极其重要，是获得更多技能和知识的基础（OECD, 2013[13]）。

　　然而，与数字化未来必需的其他技能相比（例如数字化技能），这两种技
能很难培养。在过去的几十年间，大多数国家的阅读和数学技能水平并没有发
生实质性变化，而大多数人学习使用计算机或互联网的时间并不长。

　　研究表明，人工智能在阅读理解和数学推理方面已经形成了强大的能力。
专家预计，这些能力在未来五年内还可能进一步提升。这就引发了人们对人工
智能发展可能产生的影响的质疑，即它将如何改变在工作场所中使用关键技能
以及通过教育传授关键技能的方式。最终，为了了解人工智能将如何影响未来

的技能使用和技能需求，对人工智能能力的评估应该超越国际成人能力评估项目中涉及的一般认知技能。需要关注到职业中使用的全部技能以及人类在这些技能上的能力水平。

我们从事的这个探索性项目是经合组织开展人工智能评估的一个部分。"人工智能与技能的未来"项目正在开发一种全面且权威的方法，以定期测量人工智能的能力，并将其与人类技能进行比较。该能力量规将涵盖对工作和教育至关重要的各种技能领域。

对人工智能在教育测试中的表现进行专家评分是其中的一个重要的测评工具。在过去几年间，该项目重复搜集了专家的判断并扩展了搜集的范围。例如，该项目探索使用大规模专家调查来评估人工智能在国际学生评估项目科学测试中的表现潜力。它还搜集了关于人工智能能否执行职业技术教育与培训中的职业测试的专家判断。

最近，"人工智能与技能的未来"项目开始使用来自人工智能系统直接测试的信息，包括基准测试、竞赛和正式的评价活动，这些活动将人工智能技术直接应用于各种任务，得出成功或失败的结果。该项目正在开发一种方法，以盘点并遴选高质量的直接测试。研究人员正在探索如何将此类评估测试的信息统合为可理解的、与政策相适应的人工智能性能指标。

为了帮助政策制定者理解人工智能能力量规的意义，该项目把它们与现有的职业任务分类法 [例如，ESCO（European Commission, n.d.[26]），O*NET（National Center for O*NET Development, n.d.[27]）] 联系起来。借助这些分类法，可以系统地考虑执行工作任务所需的一系列技能以及这些技能在职业中的组合方式。

此外，该项目将把人工智能的能力量规与劳动者的技能水平信息对应起来。随着人工智能在广泛的技能领域快速发展，用这种方法可以系统地辨别哪些技能会被淘汰，哪些技能可能会对工作和教育更为重要。

该项目的第一份方法报告描述了其初期工作（OECD, 2021[28]）。本系列报告的后续各卷将介绍这套人工智能能力量规的开发，以及项目对其应用的探索。掌握了这些信息，政策制定者可以更好地理解人工智能对教育和工作的影响。

参考文献

Bianchini, S., M. Müller and P. Pelletier (2022), "Artificial intelligence in science: An emerging general method of invention", *Research Policy*, Vol. 51/10, p. 104604, https://doi.org/10.1016/j.respol.2022.104604. [17]

Cobbe, K. et al. (2021), "Training Verifiers to Solve Math Word Problems". [10]

Cockburn, I., R. Henderson and S. Stern (2018), *The Impact of Artificial Intelligence on Innovation*, National Bureau of Economic Research, Cambridge, MA, https://doi.org/10.3386/w24449. [16]

Elliott, S. (2017), *Computers and the Future of Skill Demand*, Educational Research and Innovation, OECD Publishing, Paris, https://doi.org/10.1787/9789264284395-en. [5]

European Commission (n.d.), *The ESCO Classification*, https://esco.ec.europa.eu/en/classification (accessed on 24 February 2023). [26]

Hendrycks, D. et al. (2021), "Measuring Mathematical Problem Solving With the MATH Dataset". [9]

Lindström, A. and S. Abraham (2022), "CLEVR-Math: A Dataset for Compositional Language,Visual and Mathematical Reasoning". [11]

Manyika, J. et al. (2017), *A Future That Works: Automation, Employment, and Productivity*,McKinsey Global Institute (MGI). [12]

National Center for O*NET Development (n.d.), *O*NET 27.2 Database*, https://www.onetcenter.org/database.html (accessed on 24 February 2023). [27]

OECD (2021), *AI and the Future of Skills, Volume 1: Capabilities and Assessments*, Educational Research and Innovation, OECD Publishing, Paris, https://doi.org/10.1787/5ee71f34-en. [28]

OECD (2019), *Artificial Intelligence in Society*, OECD Publishing, Paris, https://doi.org/10.1787/eedfee77-en. [14]

OECD (2019), *OECD Skills Outlook 2019: Thriving in a Digital World*, OECD Publishing, Paris, https://doi.org/10.1787/df80bc12-en. [25]

OECD (2019), *Skills Matter: Additional Results from the Survey of Adult Skills*, OECD Skills Studies, OECD Publishing, Paris, https://doi.org/10.1787/1f029d8f-en. [4]

OECD (2018), *Survey of Adult Skills (PIAAC) database*,http://www.oecd.org/skills/piaac/publicdataandanalysis/ (accessed on 23 January 2023). [3]

OECD (2015), *Survey of Adult Skills (PIAAC) database*,http://www.oecd.org/skills/piaac/publicdataandanalysis/ (accessed on 23 January 2023). [2]

OECD (2013), *OECD Skills Outlook 2013: First Results from the Survey of Adult Skills*, OECD Publishing, Paris, https://doi.org/10.1787/9789264204256-en. [13]

OECD (2012), *Literacy, Numeracy and Problem Solving in Technology-Rich Environments: Framework for the OECD Survey of Adult Skills*, OECD Publishing, Paris, https://doi.org/10.1787/9789264128859-en. [18]

OECD (2012), *Survey of Adult Skills (PIAAC) database*,http://www.oecd.org/skills/piaac/publicdataandanalysis/ (accessed on 23 January 2023). [1]

OpenAI (2023), *Introducing ChatGPT*, https://openai.com/blog/chatgpt (accessed on 23 February 2023). [8]

Ouyang, L. et al. (2022), "Training language models to follow instructions with human feedback". [7]

Rajpurkar, P., R. Jia and P. Liang (2018), "Know What You Don't Know: Unanswerable Questions for SQuAD". [20]

Rajpurkar, P. et al. (2016), "SQuAD: 100,000+ Questions for Machine Comprehension of Text". [19]

Russell, S. and P. Norvig (2021), *Artificial Intelligence: A Modern Approach*, Pearson. [6]

Squicciarini, M. and H. Nachtigall (2021), "Demand for AI skills in jobs: Evidence from online job postings", *OECD Science, Technology and Industry Working Papers*, No. 2021/03, OECD Publishing, Paris, https://doi.org/10.1787/3ed32d94-en. [15]

Storks, S., Q. Gao and J. Chai (2019), "Recent Advances in Natural Language Inference: A Survey of Benchmarks, Resources, and Approaches". [23]

Wang, A. et al. (2019), "SuperGLUE: A Stickier Benchmark for General-Purpose Language Understanding Systems".   [22]

Wang, A. et al. (2018), "GLUE: A Multi-Task Benchmark and Analysis Platform for Natural Language Understanding".   [21]

Yu, W. et al. (2020), "ReClor: A Reading Comprehension Dataset Requiring Logical Reasoning".   [24]

注释

1 对于各项技能的使用，是通过国际成人能力评估项目搜集的一些变量数据进行评估的：*写作*—撰写信件、备忘录或邮件、文章、报告或填写表格的频率；*数字化技能*—使用互联网收发邮件、查找工作相关信息、进行交易的频率，以及使用电子表格、文档处理软件、编程语言或在线实时讨论的频率；*解决问题*—解决工作中复杂问题的频率；*在工作中学习*—向同事／上司学习的频率，边做边学，与时俱进；*影响技能*—教导他人、演讲、销售、向他人提建议、影响他人、与他人谈判的频率；*合作技能*—有一半以上的时间需要与同事合作；*组织技能*—计划他人的活动；*身体技能*—从事较长时间的体力劳动。如果应答者报告说每天至少使用一种所测评技能包含的活动，那么该技能应被视为日常使用技能。

2 见第 1 章注释 1。

出 版 人　郑豪杰
责任编辑　翁绮睿
版式设计　锋尚设计　郝晓红
责任校对　张晓雯
责任印制　米　扬

图书在版编目（CIP）数据

智慧竞逐：技术进步与教育未来 / 经济合作与发展
组织著；李永智主译. —北京：教育科学出版社，
2023.10
　　ISBN 978-7-5191-3592-8

　　Ⅰ.①智…　Ⅱ.①经…　②李…　Ⅲ.①人工智能—教
育研究　Ⅳ.① TP18

　　中国国家版本馆 CIP 数据核字（2023）第 210004 号

智慧竞逐：技术进步与教育未来
ZHIHUI JINGZHU: JISHU JINBU YU JIAOYU WEILAI

出 版 发 行	教育科学出版社				
社　　　址	北京·朝阳区安慧北里安园甲 9 号		邮　　编	100101	
总编室电话	010-64981290		编辑部电话	010-64981167	
出版部电话	010-64989487		市场部电话	010-64989009	
传　　真	010-64891796		网　　址	http://www.esph.com.cn	
经　　销	各地新华书店				
制　　作	北京锋尚制版有限公司				
印　　刷	中煤（北京）印务有限公司				
开　　本	720 毫米 ×1020 毫米　1/16		版　　次	2023 年 10 月第 1 版	
印　　张	9		印　　次	2023 年 10 月第 1 次印刷	
字　　数	133 千		定　　价	45.00 元